中国软科学研究丛书

丛书主编：张来武

"十一五"国家重点图书出版规划项目
国家软科学研究计划资助出版项目

企业环境成本控制与评价研究

潘煜双　徐　攀　著

科学出版社
北京

内 容 简 介

本书以制造型企业环境成本控制方法为研究对象，设计出不同类型、不同特点的企业环境成本核算与控制体系，并研究了企业环境成本控制方法的适用性。全书围绕环境成本确认标准可操作性的论证、计量方法合理性的选择、控制效果的预期评价三个关键问题，界定了企业环境成本资本化的具体判别标准，提出了企业环境成本内部化的计量依据及分配方法，具体实践了企业环境成本全过程有效控制的可行性。

本书可供相关专业师生、企业管理者、环境与科技管理者及政府相关部门工作人员阅读参考。

图书在版编目（CIP）数据

企业环境成本控制与评价研究／潘煜双，徐攀著.—北京：科学出版社，2014.5

（中国软科学研究丛书）

ISBN 978-7-03-040103-8

Ⅰ.①企… Ⅱ.①潘… ②徐… Ⅲ.①企业环境–企业管理–成本控制–研究 Ⅳ.①X322 ②F275.3

中国版本图书馆 CIP 数据核字（2014）第 045775 号

丛书策划：林　鹏　胡升华　侯俊琳

责任编辑：邹　聪　闵敬淞／责任校对：韩　杨

责任印制：徐晓晨／封面设计：黄华斌　陈　敬

编辑部电话：010-64035853

E-mail：houjunlin@mail.sciencep.com

科学出版社 出版

北京东黄城根北街16号
邮政编码：100717
http://www.sciencep.com

北京厚诚则铭印刷科技有限公司 印刷

科学出版社发行　各地新华书店经销

*

2014年5月第 一 版　开本：B5（720×1000）
2021年3月第五次印刷　印张：14
字数：280 000

定价：78.00 元

（如有印装质量问题，我社负责调换）

总 序

软科学是综合运用现代各学科理论、方法，研究政治、经济、科技及社会发展中的各种复杂问题，为决策科学化、民主化服务的科学。软科学研究是以实现决策科学化和管理现代化为宗旨，以推动经济、科技、社会的持续协调发展为目标，针对决策和管理实践中提出的复杂性、系统性课题，综合运用自然科学、社会科学和工程技术的多门类多学科知识，运用定性和定量相结合的系统分析和论证手段，进行的一种跨学科、多层次的科研活动。

1986年7月，全国软科学研究工作座谈会首次在北京召开，开启了我国软科学勃兴的动力阀门。从此，中国软科学积极参与到改革开放和现代化建设的大潮之中。为加强对软科学研究的指导，国家于1988年和1994年分别成立国家软科学指导委员会和中国软科学研究会。随后，国家软科学研究计划正式启动，对软科学事业的稳定发展发挥了重要的作用。

20多年来，我国软科学事业发展紧紧围绕重大决策问题，开展了多学科、多领域、多层次的研究工作，取得了一大批优秀成果。京九铁路、三峡工程、南水北调、青藏铁路乃至国家中长期科学和技术发展规划战略研究，软科学都功不可没。从总体上看，我国软科学研究已经进入各级政府的决策中，成为决策和政策制定的重要依据，发挥了战略性、前瞻性的作用，为解决经济社会发展的重大决策问题作出了重要贡献，为科学把握宏观形势、明确发展战略方向发挥了重要作用。

20 多年来，我国软科学事业凝聚优秀人才，形成了一支具有一定实力、知识结构较为合理、学科体系比较完整的优秀研究队伍。据不完全统计，目前我国已有软科学研究机构 2000 多家，研究人员近 4 万人，每年开展软科学研究项目 1 万多项。

为了进一步发挥国家软科学研究计划在我国软科学事业发展中的导向作用，促进软科学研究成果的推广应用，科学技术部决定从 2007 年起，在国家软科学研究计划框架下启动软科学优秀研究成果出版资助工作，形成"中国软科学研究丛书"。

"中国软科学研究丛书"因其良好的学术价值和社会价值，已被列入国家新闻出版总署"'十一五'国家重点图书出版规划项目"。我希望并相信，丛书出版对于软科学研究优秀成果的推广应用将起到很大的推动作用，对于提升软科学研究的社会影响力、促进软科学事业的蓬勃发展意义重大。

科技部副部长

2008 年 12 月

前 言

本书是在浙江省科技厅软科学重点项目"企业环境成本控制与评价研究"（编号：2009C25023）的基础上完成的。本研究主要以制造型企业环境成本控制方法为研究对象，突破了传统企业环境成本确认与计量模式，设计了适合且可行的制造型企业环境成本核算与控制体系。同时，针对不同类型的企业及不同特点的产品类型，研究企业环境成本控制方法的适用性，使企业环境成本能够反映企业的成长性，并使企业由于环境问题导致的损失能得到有效、完全的补偿。

本书应用环境经济学、管理会计学等基本理论与方法，按照"环境成本研究背景—环境成本核算与控制方法的应用—环境成本核算体系和控制模式的创新—环境成本核算体系与控制的实证分析"这一主线，对制造型企业环境成本控制的内容、模式、方法、程序等进行了规范化、系统化和制度化的研究。本书解决的难题主要有：一是企业环境成本的确认标准。企业环境成本应该反映企业对整个生态系统所造成的影响和履行环境责任的支出。二是企业环境成本计量方法的适用性选择。由于企业生产经营活动的复杂性，企业环境成本的内容也各具特点，由此导致企业环境成本的计量标准和计量方法的多样化。三是企业环境成本控制方法的效果评价。不同的企业环境成本控制方法各有其特点，通过分析作业成本法、生命周期成本法等单一方法存在的局限性，提出改进的目标与措施。

本书设计的制造型企业环境成本核算体系，在一定程度上为制造型企业环境成本控制提供了借鉴，设计的控制体系也与政府主管部门要求的企业外部环境成本内在化的初衷不谋而合。由于制造型企业的复杂性和通用性，该研究成果具有代表性，研究结论对其他类型的企业具有普遍的指导意义。

本书的特点如下：一是内容组织逻辑性强。首先，界定企业环境成本的内涵和外延，分析企业环境成本的影响因素，研究环境成本确认标准与分配依据；其次，分析环境成本内部化的量化标准及计量特点，研究企业环境成本计量属性及计量方法适用性的改进与选择；再次，利用产品生命周期成本法与作业成本法，合理揭示全部企业环境成本发生的动因，准确报告企业可得到补偿的产品成本；最后，评价企业环境成本计量方法的可行性及控制的效果，通过具体的案例分析验证企业环境成本控制方法的可操作性。二是解决问题的目的明确。本书旨在解决"环境成本确认标准可操作性的论证、计量方法合理性的选择、控制效果的预期评价"三个关键技术。三是层次清晰与论述简明。本书在理论研究的基础上，结合案例进行分析，验证研究结论的可操作性。全书结构完整，论述观点简明。

本书的创新点如下。

(1) 界定企业环境成本资本化的具体判别标准。本书从经济角度认为导致未来经济利益增加的环境成本应资本化。但是，对于污染预防或清理成本，在其被认为是企业生存绝对必要的条件时（如法律上要求的），即使它不能够创造额外的经济利益，也应予以资本化。从环境角度认为无论环境成本是否带来经济利益的增加，只要它们被认为是为未来利益付出的代价时，就应该资本化。同时，有条件的资本化标准可以考虑：一是延长企业拥有资产的寿命、改善其安全性或提高其效率的成本；二是减少或防止由以前的经营活动引起但尚未发生环境污染的成本，以及由未来经营活动引起的环境污染的成本，包括未来为改善资产购置状况发生的相关成本；三是准备销售的资产在其销售前所发生的必要的相关成本。

(2) 提出企业环境成本内部化的计量依据及分配方法。企业环境成本内部化就是对外部环境成本进行估价并将它们内化到生产和消费商品与服务的成本中，从而体现资源的稀缺性，消除其外部的不经济性。本书重点研究外部环境成本内部化的计量依据，改进传统的会计计量方法，运用经济学计量方法解决环境成本的复杂性问题。同时，研究企业环境成本内化到产品成本的具体模式，并论证其适用性。外部环境成本内部化后，环境因素进入生产环节而成为一个新的生产要素，成为同资本、劳动、资源、技术等要素并列和同等重要的生产要素，这样，产品价格能够更准确地反映包括环境成本在内的生产经营活动所造成的全部代价，能够消除生产对环境的外部性影响。

(3) 具体实践企业环境成本全过程有效控制的可行性。生命周期成本法是对产品（过程和作业）在整个生命周期里的所有成本进行确认和计算的方法，其目的是将环境成本引入产品的总成本中。具体应用时涉及成本分解结构、建立成本卡明确各阶段发生的所有成本、选择适当的方法对产品的各阶段发生的成本进行计量，进行盈亏平衡分析、风险分析和敏感性分析。环境成本分配过程中引入了作业成本法，通过资源动因分配到相应的环境成本库中，然后对每个环境成本库引发成本的特征事项进行分析，选择合适的成本动因，并进行成本动因比率分析，再分配到相应的产品成本上。这些成本动因需要根据不同的企业性质、不同的生产内容进行具体的分析，并且要准确把握各个要素分配的比例系数的安排。

　　本书在编写过程中，得到了浙江省科技厅法规处戴银燕主任的大力支持，江西理工大学硕士研究生邱瑾、张琳郦、李云、魏巍在调研和资料的整理过程中付出了艰辛的劳动，嘉兴学院张兴亮、姚瑞红老师对书稿的校对与图片制作给予了很多帮助，在此一并表示感谢！

作　者

2014 年 1 月

目 录

CONTENTS

第一章

绪　论

环境问题引发了一系列经济、社会、政治问题，要求企业无论在产品设计、产品制造，还是内部管理、售后服务等方面都融入"绿色管理"的理念。但是，在市场竞争的压力下，企业通常只从经济利益的角度去考虑所面临的各种选择，而对追求经济利益过程中所产生的环境污染和环境破坏等因素主动考虑得不多，特别是由环境污染及破坏所产生的广泛的社会后果（外部的不经济性大量存在）所发生的外部成本，均没有计算有关成本和收益，以至于其环境成本代价转嫁给了他人及未来。从国内来看，企业的这种行为必然导致企业面临大量潜在的或有负债，甚至存在生存的危机。从国际来看，许多环境问题之所以产生，大多是因为市场未能反映商品和服务、生产与消费中的环境成本，导致消费价格未能弥补产品的完全成本，还可能导致国际贸易障碍。因此，无论是企业自身的发展或经济全球化的要求，环境成本的合理计量与有效控制均成为企业获取竞争优势、打破贸易绿色壁垒的必然选择。

第一节　企业环境成本的研究背景

中国以丰富的劳动力资源支撑了强大的制造加工行业，环境成本的发生不可避免，只要企业生产经营活动或其他事项对环境造成影响和破坏，企业必然要为此承担责任，需要以资产或劳务偿还，形成真实的确定性负债或者或有负债，最终影响企业的经营成果。近年来，企业生产活动在环境方面受到很多限制，外向型企业面临越来越多的绿色壁垒，投资者把环境成本控制作为衡量企业是否具有成长性的重要标准，尤其在金融危机的冲击下，社会资源的快速重组使企业的环保要求更加突出，企业面临着降低其生产活动外部不经济性的责任。责任的界定需要借助于技术经济手段，企业核算的范畴，不仅仅涉及企业的经营损益，而且要考虑企业外部的环境成本。因此，研究环境成本旨在解决两个关键问题，一是环境成本的计量方法。计量方法的选择是研究环境成本的核心与难点，计量方法的科学性直接影响到企业利益与社会利益的平衡。二是环境成本的控制效果。计量是核算的手段，合理的计量方法能够准确反映企业产品成本，进而可以及时地通过改进环境条件使环境成本得到控制。

━ 企业面临的环境问题

近年来，中国各大城市出现了雾霾天气，国家修订了环境空气质量标准，使环境问题再次成为人们关注的话题。企业通常从其自身利益出发，只要其经济活动产生的环境问题不受到社会的严厉处罚，也往往置之不理，导致其环境成本代价转嫁给企业外部及未来。

表1-1列举了我国近十年的重大环境污染事件，其造成的后果更是恶劣。

表1-1 近十年我国主要环境污染事件

年份	污染事件
2004	四川川化股份有限公司将工业废水排入沱江干流水域，造成特大水污染事故
2005	中国石油天然气股份有限公司吉林石化分公司双苯厂硝基苯精馏塔发生爆炸，引发松花江水污染事件
2005	从2005年1月3日起，因取水点被上游重庆华强化肥有限公司排放的废水所污染，水厂停止供水，重庆綦江古南街道桥河片区近3万居民断水两天，綦江齿轮厂也因此暂停生产
2006	四川泸州川南电厂工程施工单位在污水设施尚未建成的情况下，开始燃油系统安装调试，造成柴油泄漏混入冷却水管道外排，导致长江水体污染
2009	江苏省东海县响水亿达化工有限公司，在生产医药中间体过程中产生有毒化学废弃物，造成重大污染事故
2009	江苏省盐城市城西水厂原水受酚类化合物污染，致使市区大面积断水
2010	紫金矿业位于福建省上杭县的工厂发生9100立方米废水外渗，造成沿江上杭、永定鱼类大面积死亡和水质污染
2011	江西铜业在江西省德兴市下属的多家矿山公司被曝常年排污入乐安河，祸及下游乐平市9个乡镇40多万群众。调查报告显示，自20世纪70年代起，上游有色金属矿山企业每年向乐安河流域排放6000多万吨"三废"污水，废水中重金属污染物和有毒非金属污染物达20余种
2012	因广西金河矿业股份有限公司、河池市金城江区鸿泉立德粉材料厂违法排放工业污水，广西龙江河突发严重镉污染，水中的镉含量约20吨，污染河段长达约300公里

资料来源：阿计（2012）

由表1-1可知，环境问题产生的根源在于其外部不经济性，即由于外部性引起的市场失灵而使社会资源未能得到有效配置。因为环境具有公共物品的特性，许多企业生产经营所必需的资源（如空气、水、排污的空间等），都能以很低的代价甚至无偿取得。因此，应对企业生产经营的外部不经济性是解决环境问题的主要出路。

二 我国制造型企业的环境责任

我国制造型企业与世界发达国家相比差距很大，同时受到资源、环境、能源消耗的制约。据统计，我国制造型企业能耗约占全国能耗的 63%，单位产品的能耗平均高出国际先进水平 20% ~ 30%，单位产值产生的污染远远高于发达国家，全国二氧化硫排放量的 67.6% 是由火电站和工业锅炉产生的。[①] 一些制造型企业构成了污染环境和破坏生态的污染物的主要来源。这些污染企业排放出各种废弃物，对环境产生了许多不利于人类及其他生物健康的物理、化学变化，从而威胁着人类的生存和发展。

近年来，我国经济快速增长，钢铁、电解铝、水泥、纸浆等重要工业原材料生产量大幅增长，电力、煤炭等能源供不应求。高能耗、高污染行业的快速发展，对环境造成重大压力。长期以来，各主要污染物排放量，特别是废气中工业二氧化硫、烟尘和粉尘呈现较大幅度的上升，粗放型的增长方式没有得到改变。环境保护部公布的 2008 ~ 2010 年《全国环境统计公报》中有关环境污染指标的数据如表 1-2 所示。

表 1-2　我国 2008 ~ 2010 年主要环境污染指标数据

指标		2008 年	2009 年	2010 年
工业废水	排放量/亿吨	241.7	234.4	237.5
	占总废水排放量比重/%	42.3	39.8	38.5
工业废气	二氧化硫排放量/万吨	1991.3	1865.9	1864.4
	烟尘排放量/万吨	670.7	604.4	603.2
	粉尘排放量/万吨	584.9	523.6	448.7
工业固体废弃物	排放量/万吨	781.8	710.5	498.2
	综合利用率/%	64.3	67.8	67.1

注：各项统计数据未包括中国香港、澳门及台湾
资料来源：《全国环境统计公报》（2008 ~ 2010 年）

从表 1-2 可看出，工业污染是导致环境污染最为重要的因素之一，特别是造纸、化工、冶炼等重污染行业和一些污染建设项目所产生的工业废水、废气、工业固体废弃物是主要污染物，其中，废气中的二氧化硫是导致酸雨的罪魁祸首。2008 年、2009 年、2010 年工业二氧化硫排放量占总工业废气排放量的比重

[①] 来自 2005 年全国先进制造技术高层论坛上中国工程院院士孙家广的报告

分别是61.33%、62.32%、63.93%。可见,企业的生产经营活动给社会带来财富和进步的同时,也造成了资源枯竭、环境污染。然而,多数企业的危机感不强,反而把环境污染的后果转嫁给了政府和社会公众。鉴于此,学术界应该为实务界寻找一种可行的治理手段,让企业承担起环境保护的责任,而实施环境成本控制则是重要的途径之一。

三 国内外环境成本研究成果述评

国外对企业环境成本的研究涉及面非常广泛,提出了企业环境成本核算体系与制度,研究了企业环境成本的估值技术与分配方法,分析了企业环境成本的影响因素,探讨了通过重组工作流程、改善管理环境等途径达到控制环境成本的目的,设计了环境成本控制效果的关键指标,提出通过成本收益分析对可供选择的项目进行排序等方法对环境成本绩效进行评价。例如,比蒙斯(1971)和马林(1973)相继提出了"环境污染会计"概念,认为企业外部环境污染成本应该内在化。Rimer 等(2000)研究发现,组织和工作流程是公司环境成本驱动的关键因素。Burnett 等(2007)探析如何识别、跟踪和监测环境成本,以及改善企业的环境性能,等等。这些研究成果值得后人借鉴,特别是对环境成本计量与控制方法提供了有价值的研究思路。但是,国外对环境成本计量和控制方法的研究偏向宏观,对环境成本计量方法适用性的研究还局限在理论的论证上,而对方法的具体应用还缺乏进一步的探究。

国内的研究大多集中于环境成本的核算阶段,对环境成本计量和控制方法的适用性的研究有了初步的成果。比如,利用投入产出模型分析不同的治理方案对环境成本的影响,通过控制流程改善环境、控制环境,利用财务、利益相关者指标对环境绩效进行评价,等等。例如,吴君民和张允晓(2009)设计了以产品目标全生命周期环境成本为导向的全生命周期环境成本控制流程。周书灵和谢永(2009)提出:生态绩效=环境业绩指标/财务业绩指标,可以生态绩效指标作为考核企业绩效的重要指标。这些研究在环境成本计量与控制方法的可操作性方面取得了一定的进展,为未来的研究打下了良好的基础。但是,由于相关宏观政策导向的变化,特别是企业环境成本内部化及企业完全成本的要求,企业环境成本的控制不得不贯穿到产品的整个生命周期,评价依据和标准也发生了较大的变化,传统的统计分析法和效果分析法已不能满足管理的需要,因此,经济社会发展要求环境成本计量与控制方法必须考虑外部环境成本的分配及生产的全过程,其目的是更完整地反映企业环境成本的构成,追求环境成本全过程控制的可行性及合理性,为企业的可持续发展和社会资源的有偿使用提供技术手段。

第二节 制造型企业环境成本控制现状

一 制造型企业发展的特点——以浙江省为例

浙江省是以制造加工及出口贸易为主的生产基地，制造业是该省经济的支柱，也是其国民经济增长的重要驱动力。浙江省制造业已形成了以民营经济为主体的机制优势、以块状经济为代表的集聚优势、以专业市场为依托的营销优势、以轻纺工业为特色的产业优势，浙江省已经成为全国乃至世界重要的制造业基地。

据统计，浙江省 2011 年生产总值为 27 722.31 亿元，第一产业为 1360.56 亿元，第二产业为 14 297.93 亿元，第三产业为 12 063.82 亿元，其中在第二产业中，工业产值为 12 657.78 亿元，建筑业产值为 1640.15 亿元（中华人民共和国国家统计局，2011）。制造业成为浙江省工业化和现代化的主导力量，制造业的发展水平成为衡量浙江工业化、综合实力和国际竞争力的重要标志。浙江省制造业多以区域集群形式和民营企业的形态存在，而且大多属于传统制造业，有些行业已经获取了国内市场中很高的市场份额，同时在国际低端市场赢得了部分销售市场。近几年，浙江省制造业发展呈现如下特点：①生产快速增长；②外销增长快于内销；③工业品出厂价格与原材料购进价格反差明显；④经济效益保持较高水平。虽然制约工业经济效益提高的因素比较多，但全省制造业的经济效益仍保持较高水平。从 2006 年相关统计资料看，浙江省各制造行业与全国平均水平比较，在 30 个大类中，销售收入利润率比全国平均水平高的有 25 个，资产报酬率仅农副食品加工业略低于全国平均水平，其他 29 个均高于全国平均水平。其中，饮料、纺织、服装、皮革、化工、医药、塑料、非金属矿物、通用设备、专用设备、电气机械、仪器仪表等行业的经济效益优势比较明显。

二 浙江省制造企业面临的环境问题

经济发展的同时，环境污染的代价也在加重。预计未来 20 年，一些传统意义上污染较重的行业，如钢铁、水泥、煤炭、化学工业、电力、交通运输等原材料工业和基础工业将保持相对平稳的增长态势。毫无疑问，在传统污染密集型行业继续保持增长态势和这些行业技术进步有一个渐进过程的情况下，进一步削减化学需氧量和二氧化硫等污染物总量困难很大。对浙江省的企业而言，饮料、纺织、服装、皮革、化工、医药、塑料、非金属矿物、通用设备、专用设备、电气机械、仪器仪表等行业相对集中，其中大部分是制造型企业。在未来若干年，这些企业还会有较大发展，污染物排放量依然会很大。

表1-3为浙江省2009年与2010年工业废水、废气污染物排放状况对比情况。从表中可以看出，浙江省2010年全省工业废水排放总量为21.74亿吨，比上年增加6.87%；废水中化学需氧量排放总量为24.41万吨，比上年增长1.5%。工业二氧化硫排放总量为65.4万吨，比上年下降3.4%；烟尘排放总量为16.5万吨，比上年下降8.3%；工业粉尘排放13.9万吨，比上年减少17.3%。从这两年的比较数据可知，浙江省在烟尘、粉尘排放和二氧化硫排放上已经取得较大进步，工业企业的整体排放得到适当控制，但从废水排放和废水化学需氧量情况看，污染仍在加重，工业污染还没有得到很好的控制。

表1-3　浙江省2009年与2010年工业废水、废气污染物排放状况对比

年份	废水/亿吨	化学需氧量/万吨	二氧化硫/万吨	烟尘/万吨	粉尘/万吨
2010	21.74	24.41	65.4	16.5	13.9
2009	20.34	24.05	67.7	18.0	16.8
增减率/%	6.87	1.5	-3.4	-8.3	-17.3

资料来源：中华人民共和国国家统计局（2009；2010）

工业污染的加剧对浙江省制造型企业的环保要求也越来越高。随着出口规模的扩大，针对中国的贸易壁垒和反倾销接踵而来，浙江省作为出口大省首当其冲。近几年，国际上更是对中国出口产品提出了环保与技术要求，特别是2007年8月发生的美国美泰公司召回中国产的玩具事件最引人关注。由于存在磁铁易被孩童吞食的隐患和油漆铅超标问题，美国最大的玩具生产商美泰公司在全球召回近2000万件中国产的玩具，而浙江省又是我国玩具产品生产的大省，如义乌是全国玩具贸易的集散中心和制造中心，这给浙江省制造业的出口带来了新一轮的挑战，反倾销、技术性贸易壁垒等问题对浙江制造业的出口产生了重大影响。

从上述分析可见，浙江省制造业生产活动面临越来越多的限制：一是环境保护方面的法规日益完善，对企业活动所涉及的环境保护方面的要求越来越细；二是出口企业面临越来越多的绿色壁垒，出口产品不仅要符合环境要求，而且规定产品的研制、开发、生产等各环节都要符合特定的技术标准；三是绿色消费观念的兴起，环境因素已成为认可商品的主要因素之一；四是资本市场也开始注重企业的环保形象和环境业绩，企业在进行外部融资时，环境成本控制成为投资者衡量企业是否有成长性的重要标准。由此可见，实施环境成本控制也是浙江省制造型企业获取竞争优势、打破贸易绿色壁垒的必然选择。

三　浙江省制造型企业环境成本控制状况

目前，浙江省制造型企业，尤其是民营企业，普遍存在把利润最大化作为企业发展的唯一目标，环境意识和社会责任观念淡薄，生产、管理和经营运作普遍呈粗放状态，企业环境管理的整体水平层次低下等问题，具体表现在以下几个方面。

1. 环境成本管理观念急需更新

目前，浙江省大部分企业环境成本管理观念还很落后，对环境成本范围的认识也很狭窄，认为环境成本管理的范围只是企业的生产过程，成本管理的目的只是降低成本，企业降低成本的主要手段就是节约等。这些落后的观念已经不能适应当今市场经济环境的需要。例如，国际标准化组织（ISO）于 1996 年发布了 ISO14001：1996《环境管理体系规范及使用指南》，它是组织规划、实施、检查、评审环境管理运作系统的规范性标准。调查显示，浙江省企业对于 ISO14001 环境管理体系还不够了解，对申请 ISO14001 体系认证的热情也不高，仅有 20.5% 的企业通过该项认证，在尚未通过的企业中，也只有 30.77% 的企业有申请的意向，这对于一个经济大省来说明显不足，表明 ISO14001 环境管理体系认证在浙江省企业环境管理中的运用仍处于萌芽阶段（李连华和方婧，2007）。

2. 环境成本控制目标存在局限性

许多企业按照成本习性划分和核算产品成本，通过提高产量可以降低单位产品分担的固定成本。因此，产量越高，单位产品成本就越低，在销售量不变的情况下，企业的利润也就越高。这种做法导致企业不管市场对产品的需求如何，片面地通过提高产量来降低产品成本，更是忽视环境成本的存在，直接将其计入费用。例如，71.79% 的企业将环境支出作为费用处理，仅 23.08% 的企业将其为环境污染的支出作为成本，另外，5.13% 的企业对此未作选择（李连华和方婧，2007）。将企业为环境污染的支出作为费用是我国历来的做法，通常将其并入管理费用中，没有单独地确认计量。造成这种现象的原因就在于企业成本管理缺乏市场观念，导致成本信息在管理决策上出现误区，似乎产量越大，成本越低，利润越高。

目前普遍存在的问题一是把成本管理简单地等同于降低成本。企业没有从效益、长期的角度来看成本的效用，忽视了产品研发、设计、市场开拓等活动对企业成本的影响。长此以往，成本不仅不能降低，还会导致企业丧失竞争的主动权。二是环境成本控制目标缺乏提高企业竞争优势的战略高度。大多企业忽视对外部环境和本企业成本竞争能力的全面分析与管理，不能将成本管理同竞争环境有机结合在一起，最终因为外部环境的变化而制约了企业自身的发展。

3. 环境成本控制方法和手段落后

环境污染和资源破坏是人们在生产和消费过程中形成的，如果将这种治理成本转嫁给政府承担，要么政府减免企业税费，给企业提供补贴或技术援助等措施；要么政府拿钱治理污染与保护环境，或者通过政府与企业间的"自愿环境协议"来控制企业污染排放量，减少环境污染，保护环境。实际上，这些方法与手段都会带来经济后果。政府减免企业税费会减少政府财政收入，政府提供补贴、技术援助或直接治理又会受到政府财政收入的限制。如果将环境成本转嫁给那些对环境污染和资源破坏没有责任的组织和个人，使那些造成污染和破坏的组织或个人推卸自己应承担的责任，这显然又会造成人为的不公平。因此，明确环境成本责任最有效的方法和手段就是环境成本能够内部资本化。

然而，我国的企业会计准则对环境成本的资本化问题尚未涉及，企业在对环境成本进行会计处理时，也往往直接用其他成本（如研发费用）的资本化原则，这对于具有特殊性的环境成本来说是不妥当的。也就是说，在日常经营管理活动中，不能合理地分配环境成本，使得企业的各产品的成本扭曲。除此之外，企业缺乏有效的环境成本信息系统，企业管理者在进行项目投资决策时既无法预测环境成本的数额，又缺乏合理的财务评估方法，使得项目决策出现偏差。作为注册会计师的执业标准的独立审计准则对企业财务报表中的环境成本审计范围、方法、内容和审计风险的评估标准等并未加任何规定，更加剧了环境成本内部化的难度。

4. 企业环境成本管理主体缺失

长期以来，人们对成本管理主体的认识还存在误区，普遍认为，成本管理是财务人员、少数管理人员的责任，成本、效益都应由企业领导和财务部门负责，企业职工只是产品的生产者，成本管理与他们没有什么关系。即使企业设立了环境管理部门，由于企业缺乏环境信息系统，不能提供明确的环境成本分析数据给财务会计部门，也致使环境成本的会计信息来源不明，环境成本的范围和标准缺乏明确的规定，最终失去企业环境成本披露和管理的基础。

第三节 企业环境成本控制的国际借鉴

目前，尽管我国颁布并修改了一系列的环境保护法律，如《环境保护法》及后来相继颁布的《污染防治法》《矿产资源保护法》《水污染防治法》和《大气污染保护法》，并建立了预防为主、防治结合，以及由污染者负担的环境保护政策，这些法规在宏观层面上为企业实施环境污染管理提供了一定的控制方法，但总体来讲，因缺乏规范企业环境成本会计处理的会计准则及相应的操作规范，国内各企业在进行环境成本管理时对环境成本的信息披露几乎处于空白和混乱的状态。

从发达国家环境会计的发展过程看，环境成本的管理首先是从环境成本的核算与披露开始的，进而由环境会计实务延伸到会计准则及政府行为，再进一步将环境会计与环境管理相联系，即使在环境信息的披露方面也是循序渐进的。因此，环境会计计量理论的建立应从资源环境的效用性、稀缺性、替代性、非交易性等特点出发，突破现行的货币计量理论。资源、环境的计量所涉及的内容的特殊性，决定其计量单位仍以货币计量为主，必要时可用实物指标、劳动指标或数学模型甚至用文字说明，对环境造成的损害及所取得的环境业绩的大小进行衡量。以日本 NEC 公司的年度环境报告中的环境会计报表披露为例（孙晶，2006），披露项目如下。①生产运营成本：温室气体排放控制成本、资源有效利用控制成本、资源再循环使用成本（污水处理再使用成本、其他资源的再处理使用成本）、污染控制成本（污染防止费用、依法缴纳的费用、化学物质控制管理费用）。②前延、后延成本：环保产品的设计费用。③环境管理费用：环保人员的工资费用、ISO 标准贯彻和环境审计费用、培训教育费。④研发费用。⑤社会公共费用。社会环保捐助和信息的发布费用。⑥环境损害费用：其他有关环境保护的费用。企业以环境报告的形式来对本年度的环境信息进行披露，这种披露方式的优点是简单易懂，比较容易被投资者和社会公众接受，缺点是披露的内容中描述性的文字较多，缺少财务数据来支撑，内容不够详细。

我国应借鉴西方各国企业环境成本的研究成果，提高我国企业环境成本管理水平。首先，加强环境信息系统建设。环境成本的界定、分配必须有完善的环境信息系统的支持，环境成本的会计记录过程相当繁杂，如果企业的会计实践还停留在传统操作的水平，那是不可能满足需要的。其次，会计理论研究为实践提供技术支撑：一是明确企业环境成本会计处理中的成本范围的界定、计量分配方法和信息披露形式；二是对环境成本资本化提出基础方法和实践标准；三是对注册会计师在环境成本信息披露独立审计中涉及的审计范围、风险判断、审计过程和方法提出明确的规范。

第二章

企业环境成本控制的基本理论

企业环境成本问题属于边缘和交叉学科的范畴，关于企业环境成本控制的研究大多是基于循环经济理论、环境管理学、环境会计学等相关理论基础。"循环经济"一词，是由美国经济学家波尔丁在20世纪60年代提出的，是指在人、自然资源和科学技术的大系统内，在资源投入、企业生产、产品消费及其废弃的全过程中，把传统的依赖资源消耗的线性增长的经济，转变为依靠生态型资源循环发展的经济。从循环经济理论出发，它要求减少企业环境资源的投入，通过循环利用资源，达到减少环境成本的目的，目前，企业环境成本控制研究都融入了这种思想。环境管理学是20世纪70年代初形成的一门新兴学科，属现代管理学的一个专业管理学科，担负着从整体上、战略上、统筹规划上研究环境问题的任务。由于良好的环境管理可以达到减少废物、污染和或有负债的目的，因此，环境成本控制研究中都注重环境的计划、质量和技术等方面的管理。环境会计的研究也始于20世纪70年代，1971年比蒙斯在《会计学月刊》（Journal of Accountancy）上发表的《控制污染的社会成本转换研究》和1973年马林在《会计学月刊》第2期发表的《污染的会计问题》揭开了环境会计研究的序幕。环境会计学理论中的作业成本管理、全面质量成本管理、完全成本管理、生命周期成本管理都为环境成本控制提供了很好的方法。以上三种理论都从各自的领域为环境成本控制提供了理论支持。

第一节　企业环境成本的分类和内容

一　企业环境成本的含义

目前，对企业环境成本含义的界定在理论界尚未达成共识。比较权威的是加拿大特许会计师协会（Chartered Accountants of Canada，CICA）研究部主任摩尔在联合国国际会计和报告标准政府间专家工作组对环境成本的定义，"环境成本是指本着对环境负责的原则，为管理企业活动对环境造成的影响而采用或被要求采取措施的成本，以及因企业执行环境目标和要求所付出的其他成本"（陈毓圭，1998）。总体上，由于对其定义没有一个统一、明确的规定，从国内的环境成本的有关概念和评析来看，对环境成本的定义仍然存在局限性：一是未区分环境成本的经济学定义与会计学定义；二是许多研究还建立在翻译国外文献的基础上；三是环境成本与产品成本核算、计量、投资决策等脱节。

借鉴近年来学者的研究成果，本书认为，企业环境成本是指企业以维护生态环境为目标，充分考虑产品整个生命周期过程中对生态环境造成的影响，对环境资源消耗、环境保护、环境污染损失等可以计量的支出总和。

二　企业环境成本的分类

首先，企业作为生态经济链上的一个节点，其环境成本应该反映企业对整个生态系统所造成的影响和履行环境责任的支出，因此，环境成本不仅包括会计领域可识别、计量的支出，如采购的物资成本、环保工人工资、废物处置成本，而且包括不能有效估量的环境影响及资源损失，如对周围环境所造成的危害。其次，受空间和时间范围的影响，企业环境成本不仅包括目前企业承担的内部环境成本，如企业环保投入，而且也包括顺应环保法规发展趋势要求，企业暂时还没有承担的责任，由社会负担的外部环境成本，以及将来可能发生的环境成本，如政府未来可能要求增加的排污费支出。最后，企业环境成本不仅应包括有形的现实的支出与投资，而且还应包括丧失的无形的企业环境形象和环境收益，如企业由于环境问题而丧失的顾客群体，它们实际上是一种机会成本，企业在相关决策时必须重视。

（一）国外对环境成本的分类

1. 联合国的分类及特点

联合国 2002 年在为提高政府在促进环境管理会计应用中的作用专家工作组所准备的报告中指出，公司的环境成本为环境保护成本（溢出处理和污染防治过程中的成本）、废弃原材料的成本和废弃资本、劳动力成本三者之和。在澳大利亚和德国的数家公司进行项目调研后发现，废弃物处理的成本占整个环境成本的 1%～10%，而废弃原材料的购买成本达到了 40%～90%（张蓉和琼芳，2004）。这种分类是从政府的角度，按照政府所能采取的措施对企业产生的环境成本所进行的分类，其分类不是很完整。

2. 日本的分类及特点

日本环境厅早在 1999 年就颁布了《关于环境保全成本的把握与披露的指导要点》，将环境保全成本划分为六类：①直接降低环境负荷的成本；②间接降低环境负荷的成本；③为降低产品的使用、废弃过程中环境负荷的成本；④降低环境负荷的研究开发成本；⑤为降低环境负荷的社会关联成本；⑥其他环境保全成本（林万祥和肖序，2002）。

日本的分类遵循了会计学理论划分资本性支出与收益性支出原则，使环境成本确定更加客观、真实。其分类具有以下特点：①不同于企业的产品生产成本，并将环境成本组成内容单独列示，并且对环境成本事项采用全额计量、差额计量和按比例分配三种计量模式；②进一步划分了投资额和当期费用。投资额作为费用资本化支出，通过折旧将长期资产计入环境成本，分摊期限长。当期费用则是指进入当期损益的费用，直接反映企业短期环境成本。

3. 国际会计师联合会的分类

2005 年 2 月，国际会计师联合会（International Federation of Accountants, IFAC）拟订的《环境管理会计的国际指南——公开草案》中将环境成本划分为以下六大类：①产品输出包含的资源成本，指进入有形产品的能源、材料成本；②非产品输出包含的资源成本，指已转变成废弃物、排放物的能源、水、原材料的成本；③废弃物和排放物控制成本，指对废弃物和排放物处理和处置成本、环境损害恢复成本、受害人补偿成本及环保法规所要求支付的控制成本；④预防性环境管理成本，指预防性环境管理活动成本；⑤研发成本，指环境问题相关项目和研究与开发费用，如原材料潜在毒性研究费用，研发有效率能源产品的费用及可提升环保效率的设备改造费用；⑥不确定性成本，指与不确定性环境问题相关的成本，包括因环境污染造成的生产力降低成本、潜在环境负债成本等。

（二）国内对环境成本的分类

尽管目前我国尚未出台统一的环境成本核算准则，而企业的环保支出却被包含在现行会计制度的各项目中。我国理论工作者对环境成本分类已有一些探索和研究，提出了一些很好的思路和成果，其中，北京大学王立彦（1998）的观点具有一定的代表性。他曾在《环境成本核算与环境会计体系》一文中，对环境成本的分类作过比较深入的研究。他认为环境成本的分类如图 2-1 所示。

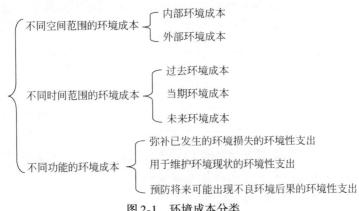

不同空间范围的环境成本 — 内部环境成本 / 外部环境成本

不同时间范围的环境成本 — 过去环境成本 / 当期环境成本 / 未来环境成本

不同功能的环境成本 — 弥补已发生的环境损失的环境性支出 / 用于维护环境现状的环境性支出 / 预防将来可能出现不良环境后果的环境性支出

图 2-1　环境成本分类

许家林和孟凡利（2004）在《环境会计》中认为，企业对环境的影响主要表现在改善与损害两个方面，而其判断的标准是企业活动中所产生环境负荷的减少与增加，并将其作为环境成本分类的逻辑起点。据此思路，他将环境成本划分为六类：一是降低污染物排放的成本；二是废弃物回收、再利用及处置成本；三是绿色采购成本；四是环境管理成本；五是环境保护的社会活动成本；六是环境损失成本。

徐玖平和蒋洪强（2007）从环境管理的要求出发，按企业发生的环境成本支出动因，从物质流转和能源流转的角度，采用环境资源输入企业和企业活动对环境输出的资源流转平衡的理论来进行环境成本分类：一是资源耗减成本；二是环境降级成本；三是资源维护成本；四是环境保护成本。

本书借鉴前人的研究成果，从企业环境成本内容的构成上进行了分类，如图 2-2 所示。

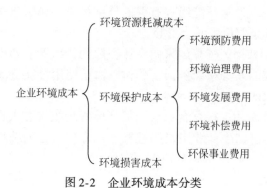

图 2-2　企业环境成本分类

三　企业环境成本内容的界定

张白玲（2003）在《环境核算体系研究》中，系统地构建了宏观环境会计核算体系和微观环境会计核算体系。她将微观环境会计核算的成本内容划分为：①企业拥有的环境资产的价值和消耗的环境资产的成本；②企业环境污染的预防、保护、治理等方面发生的成本；③环境税、费或环保专项基金的提取、缴纳成本；④因排污而对相关主体支付的赔偿费用等。在以上这些环境成本内容的基础上，本书将涉及环境因素的成本费用进一步具体细化，构成的环境成本应该包括以下内容。

1. 环境资源耗减成本

核算企业在生产经营过程中因消耗环境资产所发生的环境成本。在制造型企业里，主要是核算企业在开采自然资源并形成资源产品的过程中耗用的各种自然资源，其中，一些形成产品的实体，一些有助于资源产品的生产，如金属矿产、植被、水、石油、煤等数量减少的自然资源的费用。

2. 环境保护成本

环境保护成本指为避免生态资源降级或生态资源降级后消除其影响而实际发生的费用，主要包括以下几项。

（1）环境预防费用。核算企业购置的预防或减少污染发生的设施的支出（该种设施的运行日后不进行单独核算），由于环境保护需要而对现有固定资产进行改造的支出等。

（2）环境治理费用。核算已经发生的污染的清理支出（包括环境治理设施在运行过程中提取的折旧费、治理用材料费、污染治理人员工资及福利等）和目前计提的预计将来要发生的污染清理支出，以及已污染破坏的环境恢复支出。

（3）环境发展费用。核算进一步发展环保产业而发生的各项支出，对于一般制造型企业，表现为与环境影响有关的外部缴纳，如绿化费、环境卫生费及地方税务局征收的企业植树绿化费等。

（4）环境补偿费用。核算国家向企业征收的排污费、超标排污或污染事故罚款、对他人造成的人身和经济损害赔付、由于使用可能造成污染的商品或包装物而由政府收取的押金。

（5）环保事业费用。核算企业专门的环境管理机构和人员经费支出、环境检测支出、为进行清洁生产和申请绿色标志而专门发生的费用、降低和改善环境污染的研究与开发支出、环境保护宣传教育费。

3. 环境损害成本

核算由于三废排放、重大事故、资源消耗失控使社会环境质量下降，造成环境损害而实际发生的成本难以明确计量，企业并未因此而产生实际的支付行为的社会成本。

本书认为，环境成本核算是伴随着环境资产的核算而发生的，制造型企业只要生产经营，就必然会产生污染。然而，当企业发生的环境成本的未来收益可能存在于企业经营中所使用的某一资产上时，这些环境成本就应当作为该资产的组成部分予以资本化。特别是在制造业，可以根据企业的税后利润提取准备金，当做对将来环境成本支出的预支。

第二节　企业环境成本控制的相关理论

企业环境成本核算的目标是向信息使用者提供对决策有用的环境成本信息。为此，要求企业对环境成本的发生过程进行反映，表述企业生产经营全过程发生的环境负荷及治理数据信息，并进行确认和计量环境成本费用，然后对其进行分配，编制环境成本报告对外公布。因此，本书认为，企业环境成本控制就是要完全反映发生的环境成本，进而严格控制成本，以最小的投入获得最大的产出。研究企业环境成本控制，应当从企业环境成本发生的现实背景出发，构建企业环境成本核算的理论体系，包括企业外部环境成本的内部化，企业环境成本的确认与分配、预测、计量和报告等内容。

一　企业外部环境成本的内部化

企业外部环境成本内部化是指将企业对于外部环境所产生的各种本来无须企业自身加以报告并为之负责的影响加以确认、计量并作为企业的成本加以报告，进而使企业主动承担经济责任和社会责任。外部环境成本内部化的一个重要问题是对企业行为造成的外部环境影响进行确认与计量。因此，外部环境成本内部化一般分为以下两步。

第一步，确认环境影响的因素。外部环境成本是与某一主题的环境影响相联系的，在计量前，首先要对企业的活动对环境的相互影响进行确认、描述和量化，然后决定要对哪一类的环境影响进行估计。对不同类的环境影响的确认和量化及将这些实物量表示的环境影响货币化，其方法和要求是不一样的。即使是同一类的环境影响，其产生原因也可能不同，定量的方法也不同。例如，对于排出的废渣、废液、废气，计量的手段就不一样。这一步骤主要利用环境科学中有关的环境影响评价方法来进行。

第二步，将环境影响的因素货币化。对与污染有关的环境影响的外部成本的货币化，常用的有以下几种方法：控制成本法、损害模型法、市价法、享乐定价法、或有估价法等。归纳起来，这些方法要求以污染造成损害的价值、污染清除与损害补偿的支出及预防污染措施支出三种计量基础作为外部成本货币化计量的依据。这三种计量基础中，第一种被认为最符合经济学原理。然而，由于环境污染损害的多重性与递延性等多种原因，其可操作性最低，自身的成本也最高。第三种与之正好相反，在技术上最为可行。然而，有人认为由于防治成本中包含了很大比重的固定成本，所以相同投入所消除的不良环境影响的差异可能是巨大的，以其为依据计量外部环境成本可能会导致决策重点发生偏颇，从而影响决策质量。第二种则处于二者之间。因此，环境成本的影响因素及外部环境成本货币化成为环境成本计量的关键，也关系到企业环境成本控制的效果。

二　企业环境成本的确认

对于环境成本的确认通常有以下两种方式：一是为达到环境保护法规所强

制实施的环境标准所发生的费用。当前，我国的环境标准主要有：环境质量标准、污染排放标准、环保基础标准、环保方法标准和环保样品标准等。企业要达到这些标准要求，必然要增加环保设备投资及营运费用；二是国家利用强制性经济手段保护环境时企业所发生的成本费用。例如，有些国家实施的环境税、环境保护基金的征收和对超标准排污企业征收的排污费等，均属于国家运用经济调节手段而发生的企业费用。

（一）确认的理论标准

第一，环境成本的确认具有可定义性。环境成本是指本着对环境负责的原则，为管理企业活动对环境造成的影响而采用或被要求采取措施的成本，以及因企业执行环境目标和要求所付出的其他成本。其特点是：①环境成本的支付与为管理企业活动对环境造成的影响采用或被要求采取措施、执行环境目标相关；②环境成本的时间是按活动的不同性质在当期或未来予以确认；③环境成本的归集对象是企业产生环境负荷的各个环节，或环境负荷的项目；④环境成本最终是可货币化计量。

第二，环境成本信息具有相关性。环境成本信息的相关性指能够帮助信息使用者评价过去、现在和未来事项或者确认、改变他们过去的评价，改善信息使用者的经济决策。具体表现为：环境成本的资本化支出与收益性支出的划分；按照污染物质项目，或环境保护作业环节列出的环境成本当期费用金额；资本化支出的本期发生额、累计发生额及折旧、摊销年限；与环境成本密切相关的或有负债的揭示；企业支付环境成本所实现的环境目标的完成情况等。

第三，环境成本信息具有可靠性。当信息没有重要错误或者偏向，并且能够真实反映情况时，信息就具有可靠性。一般可从反映真实性、可核性和中立性三方面判断信息是否可靠。真实性是指一项叙述或计量与其所有表达的现象或状况应一致或吻合；可核性是指具有相近背景的不同个人，分别采用同一计量方法对同一事项加以计量，能够得出相同的结果；中立性指会计人员应在特定的利益人或集团之中保持中立，客观记录和反映企业经济业务的发生情况，而不能为了达到想要得到的结果，或诱致特定行为的发生而将信息加以歪曲或选用不恰当的会计原则。

（二）环境成本的资本化与费用化

在具体实务中，应当遵循权责发生制的原则，合理确定环境成本是资本化还是费用化。本书按照环境成本受益期长短进行分类后分别确认，如表 2-1 所示。

表 2-1　造纸业环境成本资本化与费用化选择

分类	内容举例	建议资本化与费用化选择
一次性支付收益期较长	项目投资过程中支付环保设备的购置成本	资本化
	企业植树种草绿化费的支出	资本化
	环境项目前期的研发费用	资本化
	水循环处理系统的建造	资本化
	企业的认证支出	资本化
当期支付当期受益	企业对环境的监测计量支出	费用化
	环保设备计提折旧及日常维修	费用化
	企业员工的环境教育费	费用化
	企业环保管理费用	费用化
	企业对环境的披露成本	费用化
	企业向环保局支付的排污费	费用化
	企业废弃物处理的成本	费用化
特殊事项	企业未决诉讼的支出	费用化
	企业对环保活动的赞助	费用化

　　第一类是受益期较长但属于一次性支付的环境成本支出，包括：①为减轻对环境的污染而事前予以开支的成本，如企业的环保设备支出、环境资源保护项目的研发建设更新费用、水循环处理系统的建造、企业环境管理体系的构建和认证等；②生产过程中企业发生的环境成本，如对有环境污染影响的材料替代，对环保产品的设计、生产工艺的调整、材料采购路线的变更和对工厂废弃物回收及再生利用等；③生产过后对环境的补偿成本，如对社会环境保护公共工程和投资建设维护更新费用中由企业负担的部分。这些支出延长了企业拥有资产的寿命，增大了资产的生产能力，因此应予以资本化。但如果此类成本当期发生额较小，即使会影响以后的会计期间，也应灵活地将其费用化。

　　第二类是受益期为当期但需在一个较长时期内持续支付的费用，包括：①为减轻对环境的污染而事前予以开支的成本，如企业主动对环境负荷的监测计量等；②生产过程中发生的环境成本，如企业环保设备的维修、折旧，企业产品废弃物的处理成本，再生利用系统的运营成本，节能设施的运行成本，企业环保部门的管理费用、职工环境保护教育费用，企业环境信息披露的成本支出；③生产过后对环境的补偿成本，如企业每年向地方环保局支付的排污费，企业对销售的产品采用环保包装或回收顾客使用过的污染环境的废弃物、包装物等所发生的成本，企业在开征环境税的国家和地区支付的税收成本等。对于此类费用，由于是当期支付当期受益，一般予以费用化处理。

第三类是受益期为当期并且只需在当期支付的环境成本，包括：企业生产过程中发生的环境成本，如对企业所在地域环保活动的赞助、企业的环境罚款支出、企业因污染事故造成的停工损失、企业环境问题诉讼和赔偿支出、企业生产过后对环境的补偿成本。例如，企业因当期超标排污而缴纳的排污费及罚金等。这类成本与以后期间发生的环境成本不会有紧密的联系，并且不会对企业生产能力的提高、延长资产的寿命产生影响，因此，此类环境成本一般予以费用化处理。

环境成本资本化与费用化的划分，严格遵守"谁受益谁承担费用"的配比原则，有助于进一步合理分析企业环境成本发生的动因，有针对性地采取相应的措施，以降低生产成本。

具体来说，企业环境成本确认的流程如图2-3所示。

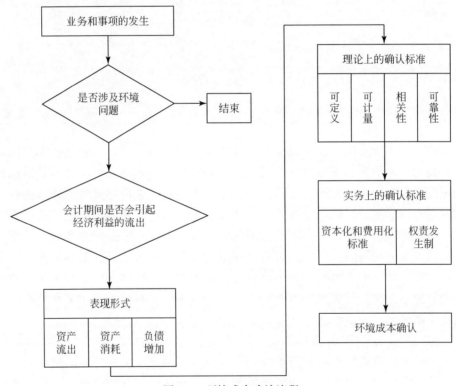

图2-3 环境成本确认流程

三 企业环境成本的计量

企业环境成本的计量是指对企业环境成本确认的结果予以量化的过程，即在环境成本确认的基础上，对其业务或事项按其特性，采用一定的计量单位和属性，进行数量和金额认定和最终确定的过程。环境成本计量是环境成本核算与控制研究中最为困难的环节，其计量方法的科学性直接会影响到企业利益和社会利益。

按照现行的财务会计理论，现行成本会计的计量模式是以历史成本为主，兼用其他各种计量属性，并采用货币计量的模式。由于环境成本自身的特殊性，单纯的货币计量似乎难以准确反映其真实面目，应该在以货币计量的同时，适当地使用一些实物的或技术的计量形式。以下是有关环境成本比较常用的计量方法。

（一）环境资源消耗成本的计量方法

由于影响资源价格的因素较多，自然资源的市场定价尚未完全形成，企业在核算自然资源消耗成本时可以采取的计量模型如下。

1. 净价法

该方法在期初估算自然资源的价值 V_t，用已探明储量 $Q = \sum Q_t$（在资源的整个寿命周期内）乘以资源平均单位市场价值（P_t）与单位开采、勘探、开发成本（C_t）的差额后得到的量作为资源的价值。

$$V_t = (P_t - C_t)Q = N_t \cdot \sum_{t=0}^{T} Q_t \tag{2-1}$$

净价法是建立在霍特林（Hotelling）的地租假设的基础上的。该假设认为，在完全竞争市场条件下，由于资源逐渐稀缺，可耗竭性自然资源的净价是不断上升的，上升的比率是由替代性投资的利率抵贴现率。这种方法比较适合土地资源、水资源消耗成本的计量。

2. 市场估价法

该方法是以自然资源交易和转让市场中所形成的自然资源价格来推定评估自然资源的价值。但它应该是以自然资源市场已相当发育并有序规范化为前提，而现实中的自然资源利用远未市场化，这就为市场估价法的运用带来了困难。

$$P_t = P_x \cdot \beta \cdot \gamma \tag{2-2}$$

式中，P_t 为资源价值；P_x 为参照物资源价格；β 为规模调整系数；γ 为资源品位调整系数。

3. 市场底价法

该方法主要是以矿产资源等不可再生资源的市场价值为估算底价，计算矿产资源的经济使用价值。这种估价模型不仅考虑矿产资源的不可再生性、经济寿命的长期性等特点，而且还通过系数调整了资源市场价格过去存在的资源无偿使用及环境损失未补偿等问题。

$$P_r = P_i + P_b + P_c + K_j \tag{2-3}$$

式中，P_r 为矿产资源的市场价格（作为底价）；P_i 为矿产资源补偿费；P_b 为生态资源损失的补偿，即资源的开采及耗用可能对生态环境造成的有形和无形的损失，其值可以根据恢复成本法计量；P_c 是由于资源的现在使用造成未来无法使用的损失；K_j 为矿产发现权权益补偿费。

（二）环境保护成本的计量方法

企业的环境保护成本在发生时会产生一定的货币支付，所以，对于企业环境保护成本的计量一般采用历史成本。实际上，在现行的会计体系中，企业发生的环境保护成本都是按历史成本入账的，只不过没有单独列为环境保护成本项目。有些资本化计入了固定资产，有些计入了管理费用，传统的做法是可以根据发生的环境支出的性质，分别以具体金额计入不同的环境保护成本项目。因此，企业环境保护成本的计量相对比较容易。但是需要注意的是，在对环境保护成本进行计量时，需要遵循权责发生制的原则，不能以款项的实际支付时间来判断其归属期，而应该以权责发生制为判断归属期的标准。

（三）环境损害成本的计量方法

环境损害成本主要是指企业的生产活动对生态环境造成的损失支出。第一步，根据环境污染状态计算实物型损失。污染破坏程度一般通过污染物浓度来反映，该计算过程的关键是建立污染物浓度与导致各种实物型损失之间的函数关系。第二步，将实物型损失货币化，该过程应重点考虑污染可能造成的价值损失。第三步，对货币化损失的确认与计量。

1. 生产率变动法

生产率变动法是利用生产率的变动来计量因环境质量变化而带来的经济损失的一种方法。环境质量的变化必然导致生产率和生产成本的变化，从而导致产值和利润的变化。产值和利润的变化是可以用市场价值来衡量的，如污水排放导致农作物生产率的下降。这种影响可以通过排放前后的产量变化之差来衡量。其总的经济损失可以用农产品的减产量乘以该农产品的市场价格来计算。

$$P_r = \Delta Q \cdot (P_1 + P_2)/2 \qquad (2\text{-}4)$$

式中，P_r 为环境价值损失；ΔQ 为受污染产品的减产量；P_1 为减产前的市场价格；P_2 为减产后的市场价格。

2. 预防性支出法

预防性支出法又称为控制成本法，其基本思想是用预防环境危害的支出额作为环境危害的最小成本，即污染造成的经济损失在数量上应该等于消除这些污染、恢复环境质量所发生的相关成本。从理论上讲，这种方法的设计具有一定的合理性，并且这种方法的有关数据和资料很容易得到，具有较强的应用性，一般没有固定的计算模型。

3. 恢复成本法

恢复成本法是用恢复或更新由于环境污染而被破坏的生产性资产所需的费用来衡量环境污染的代价的。这种方法适用于企业在生产过程中对可再生自然资源耗用的成本的计量。

$$P_r = \sum (P \cdot Q) \tag{2-5}$$

式中，P_r 为自然资源受到破坏的经济损失；P 为恢复和补偿原有资源的单价；Q 为污染或破坏的数量。

4. 疾病成本法和人力资本法

疾病成本法是以损害函数为基础的，损害函数把人们接触到的污染程度和污染对健康的影响联系起来。疾病成本法在计算由污染致疾病、由疾病致损失的项目时，应包括所有直接和间接的损失，主要有医疗费、缺勤造成的收入损失、非医务人员的护理费、培员费等。

$$P_r = \sum_{i=1}^{k} (L_i + M_i) \tag{2-6}$$

式中，P_r 为疾病损失；L_i 为 i 类人生病的工资损失；M_i 为 i 类人的医疗费用。

人力资本法是计算由于污染而引起的过早死亡的成本时所采用的一种方法。根据边际劳动生产力理论，人失去寿命或工作时间的价值等于这段时间中个人劳动的价值。一个人的劳动价值是在考虑年龄、性别、教育程度等因素的情况下，未来收入经贴现而折算成的现值。

5. 重置成本法

重置成本法是用环境污染损失的财产物资的重新购置成本作为估算环境损失价值的一种方法。具体应用时，可以分两种情况：①环境污染使得财物完全丧失了物理性能上的使用价值，则可按相同规格的物资或设备重置成本价值来估计环境危害带来的经济损失。在无相同规格、型号的物资或设备时，可以根据类比的原则进行估计。②环境污染使得资产丧失部分性能，则可根据生产率变动法或有关的修复费用进行附加，一般没有固定的计算模型。

6. 或有估价法

或有估价法是一种以调查结果为基础的估价方法，用于缺乏市场价格，甚至连市场替代价格都无法观察的情况。该方法通过调查人们对环境物品或服务的支付意愿来评价自然资源的价值。或有估价法既可以用于使用价值，也可用于非使用价值，尤其适用于非使用价值（存在价值、馈赠价值和选择价值）占较大比重的自然资源价值的评估，一般没有固定的计算模型。

（四）部分特定计量方法的运用

在实际工作中，还要考虑一些特殊的现实状况，在协调环境成本与生产成本两种核算之中增加一些特定的计量方法，包括差额计量、全额计量和按比例分配计量。

1. 差额计量

差额计量是指在进行环境投资支出时，根据支出总金额减去没有环境保护功能的投资支出来进行计量，其后的折旧额也按这种差额的折旧进入环境成本，其典型应用是对带有环境保护功能的耐用资产投资和环境材料的采购等。采用这种方式能较好地划分资源的环保功能和一般功能所各自承担的成本费用，可较准确地区别一般产品成本与环境成本，有助于信息披露项目的分类。

2. 全额计量

全额计量指针对某一环境问题的解决而专门支付的成本金额，在会计上将其全部金额计入环境成本。这种计量方法在现实中应用较多，也较易行。作为此类计量的典型业务有：①环境保护专设机构的费用；②环境保护技术的研究开发费用；③环境管理体系的构建费用；④环境污染治理等专项投资；⑤环境报告的编制成本等。

3. 比例计量

比例计量是指将与产品生产密切相关的污染治理费用，按一定比例分配计入到各产品的制造成本中去。例如，作为辅助生产车间的污水治理费用、各车间的废弃物处理成本等。

以上各种环境成本的计量方法，在实际应用时并不是单一的，有时还需要将各种方法融合起来，以期达到计量的合理性、准确性。

第三节　企业环境成本控制的基本方法

从控制论的角度来看，控制是指"施控主体对受控客体的一种能动作用，这种作用能够使受控客体根据施控主体的预定目标而动作，并最终达到这一目标"。任何实施控制的系统都具有施控主体、受控客体、控制目标和系统运行状态等基本构成要素。控制的特点并不是详细地研究过去的错误，而是集中注意现在的活动，尤其是将来的活动，以保证通过某种方法实现既定目标。控制过程使得管理人员可以随时知道组织的现状处于既定未来目标的哪一点上。

本书认为，企业环境成本控制是指在企业现有的约束条件下，为达到企业环境成本降低的目标，而采取的一系列有组织的活动。企业是进行环境成本控制的主体，环境成本是控制的客体，环境成本降低是环境成本控制的目标，环境成本控制是达到环境成本降低所采取的行动。对环境成本的控制分两步进行：首先，对企业所承担的环境成本进行合理化的分配，将与资源损失相关的环境成本纳入企业环境成本的计算范畴。其次，通过对资源损失的核算与控制来最小化企业承担的环境成本。这样，通过对环境成本的分配与控制能够将企业环境破坏行为所产生的外部成本内部化，可以有效解决企业进行环境控制行为的动力问题；经济控制主要是从污染企业的外部进行的控制，力图解决企业污染外部性问题，但如果没有企业内部的配套机制相呼应，其效果并不理想。一个十分典型的例子是美国实施了 20 年的排放物控制制度几乎没有对改善空气质量起任何作用。而在企业内部机制中，会计控制无疑是最优的选择。

一　企业环境成本传统控制方法

一般来说，传统的企业环境成本控制方法应由以下环节实施：一是确定环境成本目标。企业环境成本目标通常是参考其历史数据确定的，具体可以以平均环境成本值作为其控制的标准。二是计量实际成本。即根据企业的环境成本核算系统，进行企业环境成本的分类分项目核算，以确定每个明细项目的实际成本发生额。三是计算成本差异。企业环境成本差异包括实际发生的环境成本与目标环境成本的差异、当期环境成本与前期环境成本的差异等。四是进行成本分析。通过分析成本差异及其产生的原因，找出那些自然资源消耗较大、污染物排放量超过标准的严重环节，并提出有效解决问题的办法及实施措施。传统的企业环境成本控制方法的实施效果仍存在以下问题。

1. 环境成本的界定与计量具有局限性

在我国，成本的开支范围是由国家通过有关法规制度来加以界定的，与理论上的成本概念具有一定的差别。传统会计所依赖的成本概念，属于狭义范畴，即成本中只包含直接消耗的生产要素（料、工、费），而对企业耗损的资源和环境费用则没有考虑在内。实际操作中，企业对环境成本的计量也很简单，一般只考虑显性的（如环境污染罚款等）支出，在实际发生时直接计入期间费用或营业外支出，或在金额较大时作为待摊费用处理，而忽视了隐性的环境成本支出，不符合因果配比原则。

2. 环境成本信息缺乏决策相关性

传统的成本界定与计量的局限性导致企业的会计信息系统缺乏提供环境成本信息的功能，或者提供的环境成本信息过于笼统、概括，不能为与环境有关的经济决策提供明确、充分的信息，使得管理层在进行决策时，缺乏对环境成本与效益的全面考虑，从而做出错误的决策。

3. 环境成本控制重结果轻过程

我国企业对环境成本管理的意识还不强，并且多采用事后处理法进行末端治理。这种方法由于基本不影响企业日常的经营活动、操作简单等特点而得到企业的青睐。但是，事后处理忽视了对环境污染的预防和事中的控制，只侧重于全过程的末端，因而在很大程度上淹没了环境预防成本的作用，其结果可能导致环境成本形成过程的失控。

4. 缺乏规范的环境成本控制标准

企业环境成本控制是在环境成本形成过程中，对影响成本的诸因素进行规划和限制，其目的是把有关环境的诸项消耗控制在预定的范围内。在这个过程中，成本控制标准的制定是非常关键的环节。但是，我国企业一般将环境成本与其他成本混在一起进行控制，很少或者根本没有制定单独的环境成本控制标准，导致企业的环境成本长期处于失控状态（田志莹，2007）。

二 企业环境成本控制方法的发展

企业环境成本方法处在不断发展完善的过程中，与传统环境成本控制模式相比具有诸多优势。

(一) 企业环境成本控制方法的改进

1. 基于行业的作业成本控制方法

由于传统成本控制方法对制造费用等间接费用的分配不尽合理，为了更为准确地反映环境成本信息，在原有方法的基础上进行改进，形成了基于行业的作业成本分配法。作业成本法以作业为中心，并视之为基本的成本对象，利用作业计算系统分配汇总所有的活动成本，进而确定产品的成本。

2. 基于产品生命周期的环境成本控制方法

生命周期成本法（LCC）出现于20世纪60年代中期，是针对产品生命周期的会计核算和控制方法。生命周期成本法是对作业成本法的补充和深化，对作业成本的分析不再局限于生产过程中所发生的环境成本，而是延伸到了产品开发、销售直至淘汰整个生命周期过程的环境成本，该方法使产品成本项目更为完整，更能满足企业管理对产品成本核算的需要。

3. 基于价值链的企业环境成本控制方法

价值链概念是1985年哈佛商学院的迈克尔·波特教授在其所著的《竞争优势》一书中首次提出的。波特认为，企业创造价值的过程可以分解为一系列互不相同但又相互关联的经济活动。企业的活动分为基本活动和支持性活动，基本活动涉及企业生产、销售、进料后勤、发货后勤、售后服务；支持性活动涉及人事、财务、计划、研究与开发、采购等，基本活动和支持性活动构成了企业的价值链。

根据价值链的原理，按照价值链所包含的价值活动单元的多少，并以独立的企业作为价值链的一个链接对价值链进行分类。企业的价值链分为内部价值链与外部价值链，因此，价值链的企业环境成本控制方法也可分为基于内部价值链的企业环境成本控制与基于外部价值链的企业环境成本控制。基于内部价值链的企业环境成本控制方法，主要将企业的整体活动分解为具体的某个部分（如设计活动、采购活动、生产活动、销售活动），进而对各个部分的活动进行环境成本控制。基于外部价值链的企业环境成本控制方法指对上下游价值链环境控制成本，企业在上游价值链控制的过程中，主要是积极与上游供应企业进行战略合作，共同采取控制环境成本的有效措施。对下游价值链进行环境成本控制，最主要是进行废弃资源的回收，达到减少环境成本的目的，实现战略共生。

4. 基于 PDCA 循环的企业环境成本控制方法

PDCA 循环最早由美国质量管理专家查理·戴明（Charles Deming）提出，所以又称为"戴明循环"。PDCA 四个字母所代表的意义如下：P（plan）——计划，即方针和目标的确定及活动计划的制订；D（do）——实施，即具体运作，实现计划中的内容；C（check）——检查，即考核计划执行的结果，明确效果，找出问题；A（action）——处理，即标准化和进一步推广。从环境质量控制的角度看，其同样遵守由戴明提供的管理模式，即 PDCA 模型。

企业环境成本控制的 PDCA 模型是一个周而复始、不断提高的动态循环过程，每经过一次循环，企业的环境质量成本就会得到改善，在企业进行了一系列的环境控制改进后，可以发现随着技术的提升，采用更合理的环境作业流程，环境成本控制方法也相应不断地得到完善，企业的总体环境成本将得到有效的控制。

（二）企业环境成本控制方法的发展

现代企业环境成本控制方法要求具有生态效率，与传统的经济效率相比，更多的是利用生态化生产和管理来增加企业利润。传统环境成本控制的目的是减少成本，提高利润，尚未通过对环境的保护来达到经济利润的增长。从生态效率角度对环境成本进行控制，就是以环境保护为立足点来开展生产活动，不仅提高资源、能源的利用率，还要治理对环境污染的排放。因此，从生态效率的角度来控制企业环境成本，更能体现企业不仅仅是一个营利的组织，更是一个能够承担环境责任、维护良好的生态环境的社会成员。

生态效率也是一个技术与管理的概念，引导企业最大限度地提高能源和原材料投入的生产力，降低单位产品的资源消费和污染物排放。从生态效率的角度来看，不仅在技术上要提高企业对能源与原材料的利用效率，而且在管理上还要加强对环境的控制，企业经济业绩就是要体现资源的使用效率，生产优质的产品，严格把握每项资源的使用过程。这里涉及的企业活动不再是生产过程，而是包括从新产品服务开发到废弃物再循环的生命周期的各个阶段。因此，该方法可谓是作业成本法与生命周期成本法的有机结合。

1. 作业成本法与生命周期成本法相结合的可行性分析

作业成本法为企业提供了一种从成本标准到成本动因的合理的分配方法。利用作业成本法计算的成本信息比较客观、真实、准确，能够对作业活动进行跟踪动态反映，找出产生成本费用的动因。但是由于作业成本法核算所需的相关信息主要来源于现有的成本会计系统，因此，它只考虑了企业实际支出的内部环境成本，对于外部环境成本则无法计量。而生命周期成本法则弥补了作业成本法未曾核算的全部内容，即补充了或有负债成本，保证了产品成本项目的完整性，在界定和分配环境成本的同时能够更着重于寻求改进的机会，以达到降低环境影响的目标。因此，从生态效率的角度，作业成本法和生命周期成本法相互结合，便于企业管理当局根据真实的成本资料进行生产经营决策。

2. 作业成本法与生命周期成本法相结合的环境成本控制原理

（1）运用生命周期成本法确认企业环境成本。生命周期成本法的思想就是力图在源头预防和减少环境污染问题，而不是等问题出现后再去解决。在成本核算时涵盖产品生产、销售、消费和回收处理等过程，力求在产品的功能、能耗和排污之间找到合理的平衡。

整个产品生命周期对环境的影响如图 2-4 所示。

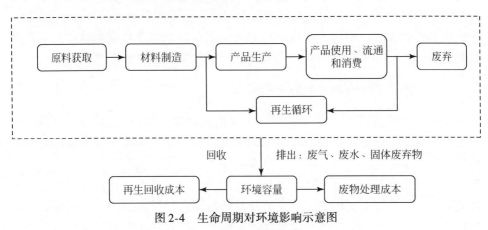

图 2-4　生命周期对环境影响示意图

结合产品生命周期思想，重新界定产品环境成本即生产单位产品在其全生命周期阶段（包括原材料获取、材料制造与加工、产品生产、产品使用或消费、再生循环和废弃）的资源消耗成本，以及为解决环境污染和生态破坏所发生的各种支出，如表 2-2 所示。

表2-2　产品生命周期各阶段可能产生的主要环境问题和主要环境成本

生命周期阶段	可能产生的主要环境问题	可能产生的主要环境成本	典型事例
原材料获取	资源消耗和固体废弃物	获取原材料产生的环境成本、采购环境材料的追加成本、固体废弃物处理成本等	采购环境材料
材料制造与加工	温室效应、资源消耗、空气污染、固体废弃物、物种减少	污染物排放控制成本、污染物治理成本、环境管理系统成本、环境事故或公害的赔偿金和罚金、各种环境资源消耗成本等	能源消耗和工业"三废"
产品生产	温室效应、臭氧层裂化、空气污染、污染和资源消耗		
产品使用或消费	温室效应、资源消耗、空气污染和固体废弃物	产品环保包装支出、运输过程中能源消耗成本、消费过程中产生污染的治理支出等	产品包装材料、交通运输和产品维护
再生循环	空气污染、水污染和资源消耗	再生循环项目投资费用与运营费用	再循环和再利用
废弃	温室效应、臭氧层裂化、资源消耗、空气污染、水污染和固体废弃物	废弃物的收集、运输、焚烧或填埋成本等	焚烧、掩埋和回收

（2）运用作业成本法分配企业环境成本。作业成本法的指导思想是"成本对象消耗作业，作业消耗资源"，它把直接成本和间接成本（包括间接费用）作为产品（服务）消耗作业的成本同等地对待，拓宽了成本的计算范围，使计算出来的产品（服务）成本更准确真实。作业成本法中的作业是成本计算的核心和基本对象，产品成本或服务成本是全部作业成本的总和，是实际耗用企业资源成本的终结。

在作业成本法下可以设置作业成本库，根据成本动因合理地分配环境成本，具体步骤如下。

第一，分析各项环境耗费，确定作业。如果某种环境资源耗费能直接确定为由某一特定产品所消耗，则这种直接耗费可以直接计入该种产品的成本；如果对某种环境资源耗费可以确定是由哪些作业消耗，则这种耗费可以直接计入各作业成本库；如果耗费的形式比较复杂，不满足以上两种情况，则需要选择合适的量化依据将环境资源分解到各作业。

第二，环境成本分配至各作业，形成不同的作业成本库。为计算产品环境成本，则要根据作业属性的不同对相关作业进行分组，作业分组的目的在于减少间接费用分配率的使用数量，简化计算。在此基础上，将各组的环境成本加总后形成相应的作业成本库。

第三，确定环境成本动因。环境成本动因是导致环境成本发生的决定性因素，是将作业成本库的成本分配到具体产品的环境成本的标准。

第四，计算作业成本库的成本动因分配率。用作业成本库归集的本期环境资源耗费除以本期成本动因量，得到本期作业成本库的成本动因分配率。

第五，追溯作业成本库的成本至各产品。如果企业的产品有多个，则其所归集的环境成本需要分配到各个产品的成本中，某产品的作业成本是根据成本动因分配率得到的，即根据产品成本表中产品消耗作业动因的数量和某作业中心的成本动因分配率，计算产品的作业成本。

在传统方法下，无论某项环境是如何产生和由谁引起的，企业都将环境成本全部统一反映在管理费用中，从而容易造成没有产生环境成本的产品分配的成本比实际成本要高，而产生了环境成本的产品分配的成本比实际成本要低，这样扭曲了产品的成本计算，使得管理层在决策时会有错误的判断，而采用作业成本法对企业产品成本的分配能够有效地解决这个问题。

第三章

企业环境成本的确认与分配

企业外部环境成本内部化是指将企业对于外部环境所产生的各种本来无须企业自身报告并为之负责的影响加以确认、计量并作为企业的成本对外披露，进而促使企业主动承担经济责任和社会责任。

第一节　企业环境成本确认的会计标准

一　企业环境成本的资本化与费用化

企业环境成本应该在一个还是几个会计期间确认，是资本化还是直接计入当期损益，这是与企业环境成本有关的会计问题。由于考虑此问题的角度和出发点不同，判别企业环境成本予以资本化还是费用化的标准也不同。

加拿大特许会计师协会经过研究分别立足于经济和环境两个角度提出了判别企业环境成本是否资本化的方法（刘娜，2004）。

1. 增加未来利益法（increased future benefits approach，IFB）

该方法要求将导致企业未来经济利益增加的环境成本予以资本化。由于这种方法仅涉及购置不动产、厂房和设备等的资本化问题，如果涉及自身不能形成资产实体，则可将其价值依附于其他资产确认环境成本资本化的问题。由于资产的定义表明了如果企业发生的一项成本能够在未来带来经济利益，那就应当将其资本化并在利益实现时计入当期损益。因此，如果一项可以确认为资产的成本与另一项资产有关，所发生的环境成本本身并不带来特定的或单独的未来经济利益，这些成本的未来利益存在于企业经营中所使用的另一项生产性资产上，则应当作为其他资产的组成部分而不予单独确认。例如，清除建筑物上的石棉，该项工作本身并不产生未来经济或环境利益，受益的是建筑物，因而清除石棉的成本作为建筑物资产的组成部分而不单独确认。尽管这些成本可能不会直接产生经济利益，但是，企业为了从其他资产中获取或者持续获取经济利益，极有必要发生上述成本，从环境角度考虑的环境成本资本化具有合理性。

2. 未来利益额外的成本法（additional cost of future benefit approach，ACOFB）

无论环境成本是否带来经济利益的增加，只要它们被认为是为未来利益支付的代价就应予以资本化。具体来说，诸如废弃物处理、与本期生产经营活动有关的清除成本、清除前期活动引起的损害、持续的环境管理及环境审计成本，以及不遵守环境法规而导致的罚款和因环境损害而给予的第三方的赔偿等，这些成本并不会在未来带来经济利益，或者与未来收益没有足够密切的联系，通常应该费用化，计入损益。如果企业发生的环境支出符合以下标准，就应当予以资本化：一是提高企业所拥有的其他资产的能力，改进其安全性或提高其效益；二是减少或防止今后经营活动所造成的环境污染。

值得说明的是，如果一项环境成本作为另一项资产价值的组成部分，应对该资产是否减值进行检测，如已减值，则应将其减计至可以收回的价值。在有些情况下，已资本化的环境成本计入相关资产的成本后，资产的成本高于其可收回价值，应对该项资产是否减值予以检测。同样，对于被确认为一项单独资产的环境成本，也应就其是否减值进行检测，合理计提减值准备。

总之，对于企业环境成本的会计处理，我们应当遵循一个朴素的原则，即预防企业未来对环境损害的成本应当资本化；清除企业过去对环境造成损害的成本应当费用化。

二 企业环境成本确认的条件与标准

企业环境成本的确认应符合企业会计准则：首先，导致环境成本的事项已经发生。如何确认企业环境成本事项的发生，关键要判别企业的交易或事项是否与环境保护活动有关，并且其是否会引起企业经济利益的流出，导致企业的资产减少或负债的增加，最终致使所有者权益的减少。其次，企业环境成本的金额能够合理计量或者合理估计。企业的环境成本内容比较广泛，有些支出的发生能够确认，并可以量化。例如，采矿企业所产生的矿渣及矿坑污染，每年需要支付相应的回填、覆土、绿化的支出很容易确认和计量。有些与环境相关的成本一时不能确切地予以计量，可以对其采用定性或定量的方法，予以合理的估计。如水污染、空气污染的治理成本和费用，在治理完成之前无法准确计量，只能根据小范围的治理或其他企业治理的成本费用进行合理估计。因此，在具体实务中，应当遵循权责发生制的原则，划分资本性支出与收益性支出，即分清当期的与非当期的，合理确定企业当期的环境成本。

企业环境成本确认的标准应包括：一是企业环境成本确认的可定义性。环境成本是为管理企业活动对环境造成的影响而被要求采取的措施成本，以及因企业执行环境目标和要求所付出的其他的成本。这是根据企业环境成本的本质特征提供的基本的判断标准。二是企业环境成本信息的相关性。如果企业环境成本信息能够帮助使用者评价过去、现在和未来事项或者确认、改变他们过去的评价进而影响到使用者的经济决策时，那么该企业环境成本的信息就具有了相关性，具体包括：环境成本资本性支出与收益性支出的划分；按照污染物项目或者保护作业环节列出的企业环境成本当期费用金额；资本化支出的本期发生额、累计发生额及折旧、摊销的年限等；揭示与环境成本密切相关的或有负债；企业支付环境成本所实现的环境目标等。三是企业环境成本信息的可靠性。当信息没有重要错误或者偏向，并且能够忠实地反映或理当反映的情况以供使用者作出决策时，信息就具有了可靠性（刘娜，2004）。

第二节　企业环境成本内部化的实现途径

一　征收环境税

在市场有效的环境下，价格是引导经济活动的"无形之手"，税收是影响价格的有效方式，通过税收，可以"矫正"市场价格结构，影响和控制污染经济行为，实现环境成本内部化。其目的是让企业对污染环境支付的价格等于污染的机会成本，使污染者控制其过度产量，实现资源的有效配置。

经济学中的环境税的理论根据就是"自然资本"理论和"外部效应"理论。自然资本理论认为，天然生成的环境和资源也是一种资产，它向社会提供着环境和资源服务，与其他生产要素一样，享受环境资源服务也必须支付代价。但是环境和资源是人类共同的资产，为人们的生活提供各种有价值的劳务，却无法像其他资源一样能明确产权关系。因此，政府就理应代表社会成为自然资本的产权主体，对此实施干预政策，制定一个人为的价格，对资源环境管理，对废弃物排放征税，从经济利益上建立起保护环境的机制。外部效应理论从数量上提供了对污染课税的依据，这种理论认为：私人对环境资源的利用，会产生消极的外部效应，损坏社会整体和他人的经济利益。这种损坏表现为环境遭到破坏和有限资源的减少，它构成一种社会成本。外部效应理论认为，政府应以税收的形式提高企业的生产成本，将外在的社会成本"内部化"，就可降低边际利润，减少污染性生产量，控制污染行为。从自然资本理论和外部效应理论可得出，政府对企业（私人）的污染行业有充分的理由征税。由此看来，征收环境税是实现环境成本内部化的一个有效途径。

从目前情况来看，环境税的种类主要有：排污税、环境浓度税、产品税。

1. 排污税的设计理念

排污税的设计思路是，让污染者至少为他们对环境造成的污染负担一部分成本，通过这样的方式来减少污染或改善污染物的质量。理论界倾向于采用收取排污税的办法，因为通过对每单位排放到环境中的污染物收费，可以使厂商自行把污染物的排放减少到某种程度，每单位污染控制成本恰好等于厂商控制污染所必须缴纳的排污税。这种方法通常用于对水污染、废弃物污染和噪声污染的控制。但是由于监管者无法监督生产者的控污情况,这样,道德风险的存在使得排污税的应用产生了低效率。为了解决道德风险问题,学者们提出了环境浓度税方案。

2. 环境浓度税的设计理念

环境浓度税方案的设计思路:当生产者的排污量超过了总环境浓度时就要受到惩罚;反之,当生产者的排污量低于总环境浓度时则可以得到奖励。具体办法是根据生产者所排放的污染量与某种污染标准的差额来征收单位罚金,或给予单位补贴。环境浓度税制度的最大优点就是监管者不必一直监管污染的排放情况,其缺陷在于现实中很难找到必要的信息来规定出合适的税金(或补贴和罚金)。理论上可行的排污税方案和环境浓度税方案在现实中都存在信息不对称的问题,因此,监管者还有一种可选择的价格配给方式——产品税。

3. 产品税的设计理念

产品税是一种间接税金,即通过对那些引起污染的产出和投入直接征税来间接影响生产者的行为。现实中,一些产品或原材料或它们的包装物被抛弃处理时会对环境产生污染,对于这样的产品和原材料所征收的税就是产品税。产品税通过提高污染物材料和产品成本的方式,激励生产者和消费者用环保产品和材料来替代非环保产品和材料,以达到减少污染的目的。产品税可以应用于产品生命周期的任何一个阶段,即使是投入阶段产生污染也可以征收该税种。

二 实施可交易污染许可证方案

(一) 可交易污染许可证的出现

著名经济学家戴尔斯在其著作《污染、产权、价格》中提出了"污染权"概念(费国超,2004)。戴尔斯认为,外部性的存在导致了市场机制的失败,单独靠政府干预,或者单独依靠市场机制,都不能收到令人满意的效果,而只有将二者结合起来才能恢复市场机制,有效地解决负的外部性。他认为,作为环境的所有者,政府可以在专家的帮助下,把污染废弃物分割成一些标准的单位,然后在市场上公开标价出售一定数量的"污染权",每一份权利允许其购买者可排放一单位的废弃物。政府不仅应允许污染者购买这种权利,而且如果受害者或潜在受害者遭受了或预期将要遭受高于价格的损害时,政府应允许他们以高于污染者的出价来购买这些权利。在产生外部性的污染者之间,政府也应允许其对污染权进行竞购。在竞争中,一些能用最少费用来处理自己污染问题的公司则都愿意自行解决,使之内部化。政府则可以用出售污染权得到的收入来改善环境质量。这样，在供求规律、价值规律和竞争规律的相互作用下，政府有效地对环境这个商品进行管理，通过价格机制将促成一个最佳的分配。因此，可交易污染许可证方案自然就被西方各国普遍接受。

（二）可交易污染许可证的实施

可交易污染许可证制度有效实施必须满足一些条件：第一，许可证数量应该是有限而确定的，以便可以准确计算许可证的价值；第二，许可证应该可以自由交易，对交易范围的限制要少，以便保证那些最需要这些许可证的生产者能买到和保留它们；第三，许可证必须可以被保存；第四，许可证交易的成本不能太高，以便许可证能够自由而有效率地流通；第五，违反许可进行排污所受到的惩罚，必须超过购买许可证的成本，以便激励生产者遵守市场游戏规则；第六，只有在极端情况下才能没收许可证，以保持市场的稳定性；第七，必须允许生产者拥有他们通过出售许可证获取利润权利。可交易污染许可证的发放也有两种形式：一是直接把它们分发出去，通常是按照现在排污的比例来分配（简称发放式）；二是通过拍卖。企业可以买卖这些许可证，通常边际控制成本较高的企业会成为买者，而较低的企业会成为卖者。

可交易污染许可证制度除了在控制一国国内的环境污染的问题上有效外，在控制国际环境污染问题上同样有效。例如，国际组织致力于国际间的环境排污交易市场，用以协调发达国家与发展中国家在环境保护上利益之争。1997 年11 月在日本召开的气候变化框架公约首脑会议通过一项允许发展中国家向发达国家"出售"吸收二氧化碳的森林能力的规定，这种国际间环境服务形成了一个新的市场。1998 年加勒比海小国哥斯达黎加凭借其在 1998 年出售上述的"环境服务"得到的 200 万美元的业绩在美国芝加哥股市发行减少温室气体证券，当时对于这项新的环境经济法律制度的实施，乐观估计是该国可以凭借该市场每年获利 2.5 亿美元，而发达国家也可以将其污染治理成本缩减 90%。考虑到众多发展中国家许多植物资源的环境自净能力不能得到充分利用，如果能够在污染物总量控制前提下开展类似的活动，对于交易双方来说无疑是一个双赢的局面。

三 实施环境标志制度

环境标志，亦称绿色标志、生态标志，是指由政府部门或公共、私人团体依据一定环境标准向厂商颁布的，证明其产品符合环境标准的一种特定标志。标志获得者可以把标志印在或加贴在产品或其包装上。它向消费者表明，该产品从研究、开发、生产、销售、使用到回收利用和处置整个过程都符合环境保护要求，对环境无害或损害极少。该制度对产品全过程中的环境行为进行控制，是环境政策的一种体现形式。环境标志可以促进公众在消费方面树立更多的环境意识，激发他们把购买力当做一种环保工具，从而促使企业改进工艺、积极开发一些对环境影响较少的替代品，实现生产、消费与环境的高度协调统一。20 世纪 70 年代，联邦德国最先制订了具有环境标志制度性质的"蓝色天使计划"，1978 年率先正式使用"蓝色天使"标志。到 1998 年，有近 50 个国家和地区的政府推出了环境标志制度，如北欧四国的"白天鹅制度"、瑞典的"良好环境选择制度"、奥地利的"生态标志"、欧盟的"EU 制度"、加拿大的"环境选择方案"、日本的"生态标志制度"、新西兰的"环境选择制度"、韩国的"生态标志制度"、新加坡的"绿色标志制度"、中国台湾的"环保标志制度"等。

环境标志制度的实施意味着生产者要对产品全过程中的环境行为进行控制的管理，从研究、开发、生产、销售、使用到回收利用和处置的整个过程都考虑到环境成本。环境标志制度将给期望借助环境标志赢得销售优势的生产者带来直接和间接费用。其直接费用指环境标志计划通常收取申请费和标志使用的年费，其数额根据标志产品年销售量的百分比进行计算。间接费用是生产商为了获取环境标志通常要把较大份额的环境检验、测试、评估等费用在企业内部消化，由此增加了其生产成本。另外，在获得环境标志之后，产品从包装装潢重新设计到商业广告等方面的支出，也将提高产品成本。因此，实施环境标志制度也是实现环境成本内部化的一个重要途径。

四 推广 ISO14000 标准

ISO14000 是国际标准化组织 ISO/TC207 负责起草的一个系列的环境管理标准，它包括了环境管理体系、环境审核、环境标志、生命周期分析等国际环境管理领域内的许多焦点问题，旨在指导各类组织（企业、公司）取得和表现正确的环境行为。ISO14000 系列标准完全刷新了原有标准的固有模式和概念，它是针对生产产品的企业制定标准。它不评价产品的绝对值问题、技术问题、标准问题，而是评价企业在组织生产过程中是否符合环保法规，是否遵循原有的承诺。

ISO14000 系列标准的核心是环境管理体系标准：ISO14001 ~ ISO14009 要求企业在内部建立并保持一个符合标准的环境管理体系对自身的环境行为执行约束机制，通过有计划地评审和持续改进的循环，使先进的环保思想和技术得以发挥最充分的作用，企业的环境管理能力和水平不断提高。系列标准中的 ISO14020 ~ ISO14029 通过环境标志对企业的环境表现加以确认，并通过标志图形向消费者展示标志产品与非标志产品的差别，形成强大的市场压力和社会压力，使企业主动、自愿地采取预防措施，持续性改善环境。系列标准中的ISO14040～ISO14049规定实施从产品开发、设计、加工、制造、流通、使用、报废处理到再生利用的全过程（即产品的整个生命周期）都要符合环境要求，还规定污染者负担资源费用、环境治理费用。ISO14000要求对过程的每一环节的资源消耗的环境影响进行评价，对产品在社会上流通的全过程进行评价，超越了原来的价格边界和企业的地理边界。ISO14000在相当大的程度上体现了环境成本内部化（即在产品价格中反映出环境成本并在国际贸易中由产品的生产者和消费者共同负担这一费用）的要求。

第三节 企业环境成本核算的概念框架

一 环境成本确认的假设条件

会计假设亦称会计的前提，是指在特定的经济环境中，根据以往的会计实践和理论，对会计领域中尚未肯定的事项所作出的合乎情理的假说。环境成本核算作为会计学的一个新兴分支，其基本假设应建立在传统会计基本假设的基础上，但是环境成本核算反映和监督的对象具有高度的不确定性，其基本假设应有所创新。环境成本核算的基本假设就是限定环境成本核算的范围、内容，据以对收集、加工处理的会计信息进行过滤和筛选，它是建立环境成本核算概念框架的前提和基础。吴玉祥（2004）提出了四个环境成本确认的假设条件，分别是会计主体假设、持续经营假设、会计分期假设、多重计量假设。

（一）会计主体假设

会计主体假设又称会计个体假设，会计主体指的是会计工作特定的空间范围。环境成本核算同样也需要会计主体假设，环境成本核算对象与传统会计核算对象的显著区别是增加了自然环境内容，特别是涉及环境成本，强调会计主体在实现自身经济利益的同时，兼顾社会效益和环境效益。

（二）持续经营假设

持续经营是假定每一个企业在可以预见的未来，不会面临破产和清算，因而它所拥有的资产将在正常的经营过程中被耗用或出售，它所承担的债务，也将在同样的过程中被偿还。环境成本核算将可持续发展引入这一假设，其既包含会计主体自身的可持续发展，也包含既满足当代人的需求，又不对后代人满足其自身需求的能力构成危害的含义。

(三) 会计分期假设

会计分期假设规定了会计对象的时间界限，将企业连续不断的经营活动分割为若干较短时期，以便提供会计信息，是正确计算收入、费用和损益的前提。为了及时准确地提供环境成本信息，环境成本核算也必须进行会计分期，对会计主体日常发生的自然资源、生态环境资源等成本价值进行定期确认和披露，更好地满足环境成本信息使用者的需要。

(四) 多重计量假设

传统会计以货币为主要计量单位，对会计主体的生产经营活动及经营成果予以综合反映和报告。由于环境成本的不确定性与难以计量性等特性，许多事项的环境成本不能用货币进行计量，因此简单运用货币计量是不可取的，环境成本应以多重计量为基本假设。非货币计量形式主要包括实物计量、劳动计量、混合计量等多种计量形式计量。

二 企业环境成本核算的相关概念

岳荣华 (2004) 认为环境成本核算涉及的相关概念应包括环境资产、环境负债、环境费用和环境效益等。

(一) 环境资产和环境负债

1. 环境资产及其核算

从环境资产核算的现状来看，一般的资源产品生产企业均未将环境资产作为一项资产入账。最多是将勘探成本、开发成本作为递耗资产记账。在这种情况下，对环境资产进行核算时，应对其所能够使用的自然资源按照环境资产的确认标准进行确认；对凡经过属于本企业资产的自然资源进行计量，并将确认和计量的结果作为期初存量对应登记在"环境资产"和"环境资本"账户中。也就是说，将环境资产的四个科目："环境资产""环境资本""环境资产累计折耗""培育资产"加入传统会计核算体系中。在自然资源的开发利用过程中，有两种情况可以增加自然资源的储量：一种是新探明的自然资源储量，新探明储量的自然资源所有权仍然属于国家，可以比照期初存量登记；另一种是人造环境资产，如人造森林、人造草场等。人造环境资产凝结了人类的劳动，其价值应按劳动价值论确定。通常人造环境资产的增加耗时长，费用高，所耗资金由国家承担，其所有权自然归属于国家，相应地核算时应同时增加环境资产和环境资本。为了在核算中体现人造环境资产的上述特点，并与国民经济核算体系（SEER）相衔接，可设置"培育资产"账户，专门归集培育资产的实际成本，待培育资产成熟后，再转入环境资产，同时将国家拨入的专项资金转为环境资本。按照基金理论建立的会计等式是：环境资产＝环境资本。为了保持等式的平衡关系，生产资源产品而耗减的资源价值不能像存货那样直接冲减环境资产的账面价值，为此，单独设置"环境资产累计折耗"账户，作为"环境资产"的抵减账户，核算资源资产由于使用、开采等而累计损耗的价值。

"环境资产"账户是用于核算环境资产增减变化的账户。其借方反映环境资产的增加，包括现有环境资产存量的增加，新探明储量增加的环境资产；贷方反映环境资产的非耗用性减少；借方余额表示环境资产的价值。

"环境资本"账户是"环境资产"账户的对应账户，属于所有者权益类账户。在没有对环境资产进行核算的情况下，可按环境资产的账面价值作为环境资本的入账价值。该账户的贷方反映环境资产的价值；环境资产非耗用性减少的价值记录在借方；贷方余额表示相应环境资产的价值。

"环境资产累计折耗"账户是用于核算环境资产的耗用性减少的账户。其贷方反映以一定的方法计算的环境资产折耗额；借方反映由于各种原因非耗用性减少环境资产相应的折耗额；贷方余额表示环境资产的累计折耗额。

"培育资产"账户是用于归集培育资产实际成本的账户，其借方反映培育资产的实际成本；培育资产培育成熟后，将培育过程中发生的实际成本从贷方转出；该账户的借方余额表示培育中环境资产的实际成本。

通过以上科目的设置和对相关项目的核算，就能真实地计算资源产品成本，反映环境资产的流量和存量，使人类合理利用自然资源，保证可持续发展目标的实现，而且上述环境资产的核算与传统企业的会计核算模式基本一致，保证了环境资产核算的可行性。

2. 环境负债及其核算

企业在生产过程中如果对环境造成了污染，就应该承担生态环境的破坏费用、生态环境补偿费和对相关企业、个人的赔偿金，在符合环境负债的确认标准时，就形成了企业对外的负债。因此，应设置"应付环保费"一级科目，反映和监督环境保护费用的计算与缴纳情况，同时设置"应付单位排污费""应付个人排污费""应付包装物排污费""应付废弃物排污费"等二级科目。当发生各种排污费时，借记"成本费用类科目"，贷记"应付环保费—×××"；实际支付时，借记"应付环保费—×××"，贷记"银行存款"。此外，还可以比照传统会计设置"应缴环保税金及附加"来单独核算企业使用国家的环境资源时应向税务部门缴纳的环保税金。

环境负债的发生往往会带来环境费用的发生或资产的减少，应将二者结合来核算，环境负债的核算具体有以下项目。

（1）单位排污。它指向大气、水体排入的有害物体或超标的热量、噪声。某产品的污染成本＝产量×排污收费的标准单价（由国家统一制定标准），此种污染成本是变动成本，在核算直接材料和人工费用后纳入直接污染这个成本项目，即借记"环境成本—单位排污费"科目；贷记"应付环保费—应付单位排污费"科目。当产品产量与排污量不成正比，污染量小，不易确定排污主体，或排污费属于产品固定成本时，则可以记入"制造费用"科目。

（2）个人排污。每人每天排放污染物（排污水、悬浮固体、可氧化有机物等）有一个平均值。但对于企事业单位，各个会计期间的人口数量不是一个定数，要按照不同会计期间分别计算。这种期间费用的核算会促使企事业单位提高管理水平和劳动效益。此时，应借记"期间环境费用—个人排污费"科目；贷记"应付环保费—应付个人排污费"科目。

（3）使用排污品。例如，使用润滑油会恶化水质，使用石油、煤炭等矿物燃料会排放二氧化碳、二氧化硫等污染空气。因此，除购买这些商品的售价外，应追加排污费，直接计入这些排污物品的采购成本，即借记"原材料（或物资采购）"科目；贷记"应付环保费—应付单位排污费"相关科目。

（4）不可回收包装物。由于包装物中化学物质多不易分解，又没有加以回收导致固体废旧物数量增多，应借记"期间环境费用—未收回包装物污染费"科目；贷记"应付环保费—应付包装物污染费"科目。

（5）废弃物。它指生产中所产生或排出、抛弃的各种固态、非固态（如下水道污泥）和其他液态物质，可分为工商业废弃物、生活废弃物等两类。此时，借记"期间环境费用—废弃物污染费"科目；贷记"应付环保费—废弃物污染费"科目。

（6）生活废弃物。它主要是指垃圾倾倒。由于此项支出与生产经营无关，因此不计入成本，应计入交费单位的管理费用中，即借记"期间环境费用—垃圾倾倒费"科目；贷记"应付环保费—垃圾倾倒费"科目。

（7）应缴环保税金及附加。它是指企业使用国家环境资源时应向税务部门缴纳的环保税金，如应缴矿产资源税等，可以单独设置"应缴环保税金及附加"账户进行核算。在对企业使用的环境资源计提税金时，应借记"期间环境费用—环境补偿费"，贷记"应缴环保税金及附加—应缴资源税"。

（二）环境费用和环境效益

1. 环境费用及其核算

（1）自然资源耗减费用。将自然资源作为一项资产核算，可认为是对环境资产存量的核算，而自然资源的耗减作为一项费用核算，可认为是对环境资产流量的核算。流量的核算总是要受到存量计价的影响，而流量的计价又影响到存量的现存价格。本书认为，自然资源可以按照存货的方法进行自然资源耗减费用的核算，其耗减费用就相当于生产成本中的"原材料或材料"，在成本项目中增加一个"耗减费用"项目，专门核算资源产品耗用的自然资源的价值。

（2）维持自然资源基本存量费用。它包括：①费用的发生能够独立形成自然资源的，如人造森林、草场的费用，可以通过"培育资产"账户归集发生的费用，待其形成效用能力时再转为环境资产。②费用的发生不能形成独立的环境资产的，可以在发生时直接计入环境资产的价值或作为当期费用处理。③费用的发生有助于环境资产发挥效用，同时又符合固定资产的定义时，应将其确认为一项固定资产，进行固定资产增加的核算。

（3）生态资源降级费用。该费用是指废弃物的排放量超过了环境容量而使环境质量下降所造成的损失，主要包括破坏费用和恢复费用两类。前者是从生态环境质量、结构、功能下降所引起的农业生产、人体健康、旅游景观、建筑物及其他损失方面进行估算的费用，后者则是指与生态资源环境质量密切相关的费用。当生态资源降级费用表现为破坏费用时，依据总成本的概念，降级费用应作为产品成本的一部分，可以在"环境成本"科目下设置二级科目"资源降级费用"进行核算。当生态资源降级与产品生产没有直接的联系时，其降级费用可作为期间环境费用处理，记入"期间环境费用—资源降级费用"账户进行核算。

（4）生态资源保护费用。生态资源保护费用具有资本性支出与收益性支出两种类型。当支出与生态环境资产相关时属资本性支出，应作为资本化处理，计入生态环境资产的价值，其会计处理相当于维持自然资源基本存量费用处理；当支出与保护生态环境的设备相关时，也应资本化，计入该项环保固定资产的价值；当支出与资产无关时，则属于收益性支出，应作为当期费用处理。一般情况下，在"环境成本"科目下设置二级科目"生态资源保护费用"来核算计入产品生产成本的部分。

为了加强企业对环境成本的核算，可以设置一个专门的"环境成本"科目，并根据环境成本的分类，设置"环境保护成本""环境消耗成本"和"环境损害成本"等科目；再在"环境保护成本"下分别设置"环境治理费用""环境预防费用""环境补偿费用""环境发展费用""环保事业费"等项目以便于企业进行管理控制，使信息使用者更为清晰地了解企业的环境保护状况。这一科目设置过程用树状展开构架表示，如图 3-1 所示。

其中，"环境成本"科目属于损益类会计科目，其借方登记当期企业发生的环境成本的支出及分配计入本期的环境成本。借方发生额反映企业本期实际发生的环境成本。期末，该科目借方累计数全部从其贷方转入"本年利润"会计科目的借方，结转后余额为 0。

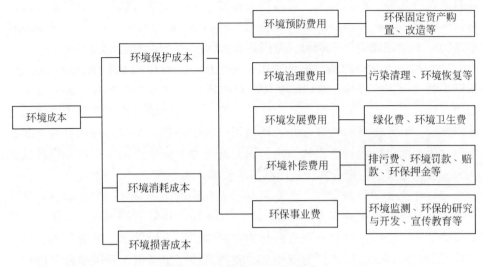

图 3-1　环境成本科目的设置

"环境治理费用"明细账户,核算已经发生的污染的清理支出(包括环境治理设施在运行过程中提取的折旧费、治理用材料费、污染治理人员工资及福利费等)和计提的预计将来要发生的污染清理支出,以及已污染破坏的环境恢复支出。

"环境预防费用"明细账户,核算企业购置的预防或减少污染发生的设施的支出(该种设施的运行日后不进行单独核算)、由于环境保护需要而对现有固定资产进行改造的支出等。

"环境补偿费用"明细账户,核算企业缴纳的排污收费、超标排污或污染事故罚款、对他人造成的人身和经济损害赔付、由于使用可能造成污染的商品或包装物而由政府收取的押金。

"环境发展费用"明细账户,核算为进一步发展环保产业而发生的各项支出,对于一般的企业来讲表现为与环境影响有关的外部缴纳,如绿化费、环境卫生费等。这类费用的特点是一般与企业生产经营活动没有直接关系,费用的缴纳是为了社会环境保护产业的发展。

"环保事业费"明细账户,核算企业专门的环境管理机构和人员经费支出、环境监测支出、为进行清洁生产和申请绿色标志而专门发生的费用、降低污染和改善环境的研究与开发支出、环境保护宣传教育费。

"环境消耗成本"账户核算企业在生产经营过程中因消耗环境资产所发生的环境成本。

"环境损害成本"账户,核算由于三废排放、重大事故、资源消耗失控使社会环境质量下降,造成环境损害而实际发生的难以明确计量的社会成本,但企业并未因此而产生实际的支付行为。

一般来说，在发生时借"环境成本"，贷方则存在以下几种情况：本期发生的与本期相关的环境支出，则贷记"银行存款""应付工资""原材料"等相关科目；当企业估计造成的污染将来可能会发生赔偿和治理义务预先提取环境成本但尚未支付时，贷方记"预提费用"。待实际支付时，借方记"预提费用"，贷方记"银行存款"等相关科目；当企业先根据政府环保机关或其他有关部门拟订的治理预算方案支付了治理费用，待摊期在一个会计年度以内，发生时借方记"待摊费用—环境支出"，贷方记"银行存款"等相关科目，摊销时借方记"环境成本"，贷方记"待摊费用—环境支出"；当与环境有关、将来可能支付的费用能够被合理而可靠地计量时，借方记"环境成本—环境损害成本"，贷方记"环保准备金"等（陈刚，2005）。

2. 环境效益及其核算

（1）直接环境效益。直接环境效益由两部分组成：一部分是包含在资源产品的销售收入中，主要采用影子价格法、直接扣除法和数学分解法对直接环境效益进行计量，依据计量结果进行直接环境效益的核算；另一部分是由企业对环境采取积极的保护措施和对环境污染的积极治理带来的现实收益，表现为：国家对环保大户的奖励，企业利用"三废"生产产品所得到的收入及为此享受到的对流转税、所得税等税收的减免税的优惠政策从而得到的收益，从国有银行及绿色金融机构取得的无息或低息贷款所得到的利息的节约，由于采取某种污染控制措施而从政府取得的不需偿还的补助或价格补贴，企业主动采取治理污染措施所发生的支出低于过去缴纳的排污费、罚款和赔偿金而节约的部分所形成的收益，转让排污权所形成的收益等。对于直接环境效益的核算，可设置"环境收益"账户来核算，环境收益发生时，借记相关资产类科目，贷记"环境收益"。

（2）间接环境效益。间接环境效益具有间接性、隐蔽性、分散性、模糊性、生态环境资产的非减性等特点，其计量都很困难，其核算特别是企业的微观核算就更困难。因而只能从中观和宏观的角度采用一定的计量技术来进行按期估计，通过设置"环境收益"账户核算。

（三）环境成本信息的披露

会计核算的目标是为决策者提供有用的会计信息，环境成本也不例外，而信息的加工必须在一定的空间和时间范围内，并按照一定的程序和方法进行会计处理，编制财务会计报告以保证会计信息的质量。

环境成本核算的账务处理程序和传统会计基本相同，各环境会计要素在确认、计量的基础上按照一定的借贷关系进入相应的科目进行核算，每一科目对应一账户，而这些账户又根据一定的原则进入环境成本报告，环境成本报告的主要组成部分——会计报表主要有资产负债表、利润表和现金流量表，通过这一系列的转换完成了会计信息的整理、加工、记录、披露，最终呈现在使用者面前的是完整的环境成本信息。环境成本核算涉及的主要账户如表3-1所示。

表3-1　环境会计主要账户归类表

环境资产类账户	环境费用类账户
环境资产—流动环境资产明细科目	环境成本—单位排污费
环境资产累计折耗	环境成本—单位排污费/人工成本/自然资源耗减费用/环保固定资产折旧/资源保护费用/资源降级费用
培育资产 环保固定资产	期间环境费用—个人排污费/环境保护费用/人工成本/未收回包装物污染费/废弃物污染费/垃圾倾倒费/环保固定资产折旧/环境补偿费/赔偿费
环境负债、权益类账户	环境收益类账户
应付环保费—单位排污/个人排污费/包装物污染物/废弃物污染费/垃圾倾倒费 应缴环保税金及附加—应缴资源税/应缴土地使用税 环境负债准备 环境资本	环境收益—直接环境收益

这些新增的环境会计科目所反映的环境会计要素信息与传统会计科目所反映的会计信息进入会计报表的方式是一样的："环境资产"账户的期末余额一般在借方，其借方余额进入资产负债表左边进行反映；"环境资产累计折耗"作为"环境资产"的抵减账户，期末一般为贷方余额，其期末余额进入资产负债表左边，作为环境资产的减项反映；"培育资产"性质类似于在建工程或在产品，期末余额为借方余额，进入资产负债表左边反映；"应付环保费""应缴环保税金及附加"是负债类账户，期末为贷方余额或为零，进入资产负债表右边进行反映；"环境负债准备"账户为计提账户，期末余额在贷方或为零，进入资产负债表右边进行反映；"环境资本"是权益类账户，期末余额在贷方，在资产负债表右边进行反映；"环境成本"作为产品成本的一部分，期末结转入"主营环境成本"（与传统会计"主营业务成本"并列）最终进入利润表，"期间环境费用"作为期间费用期末结转入"本年利润"，无余额，发生额进入利润表反映；"环境收益"作为收益类账户，期末余额在贷方，进入利润表反映。

国际上比较先进的国家如美国、加拿大等在环境信息披露上常采用以下三种方法：文字叙述、表格和图形。常用的披露方式也有两种，即在现有的信息披露工具中加以披露和编制单独的环境报告。本书认为，我国适合采用循序渐进的方法，不宜一步到位采用编制单独的环境报告的形式，而应在现有的信息披露工具中加入环境会计信息披露。传统会计报告中常用的财务报表主要有三种：资产负债表、利润表和现金流量表。环境会计可以在以上三种报表中加入环境会计要素的信息，并同时在报表附注中辅以文字说明，还可以加上图形来综合反映环境会计信息及其财务影响，即将环境资产、环境负债、环境资本等信息以前述所设的科目及对应的账户在资产负债表中相应的位置列示反映；将环境费用、环境效益等信息以前述所设的科目及对应的账户在利润表中相应的位置列示反映；而与环境支出和环保收入相关的现金流量设置合适的项目在现金流量表里反映；对于不能以货币形式计量的环境信息，可在会计报表附注中以文字、实物或图形等非货币形式加以说明。

总之，这种将环境信息纳入现行的会计核算模式中的披露方式扩大了会计要素的内涵及会计报告信息的内容，该模式至少具有两个优点：一是能够保持传统会计财务报表的框架，在实务操作中简单易行；二是工作量较小，可行性也比较强。

第四章

企业环境成本内部化的计量方法

从经济学的角度来看，许多环境问题的产生，均是因为市场未能反映产品和服务中的环境成本，即环境成本的外在化导致并加重了环境问题。外在化是导致市场失灵的一个重要因素，环境作为一种稀缺性资源，应视为一种生产要素。任何企业的生产活动都或多或少地利用一定的环境资源，应该而且只有通过市场价格机制才能使环境这一要素被合理地反映出来。市场价格机制需要通过一定的技术手段来反映，对企业环境成本而言，内部化的合理分配取决于计量方法的科学选择。

第一节　企业环境成本传统计量方法的应用

一　企业环境成本的计量原则

（一）环境成本计量的基本原则

环境成本的计量应遵循配比原则，即企业的成本和取得的收益应相互配合。运用配比原则，就是要判断成本与收益的合理关系。本期的成本只能与本期的收益相配合，如果收益要等到未来才能实现，相应的费用就必须递延分配于未来的收益期间。

从世界各国制定的各种环境会计指南来看，环境成本既包括当期已支出的环境成本，又包括作为当期费用进行处理的环境成本和资本化的环境成本。资本化的环境成本，不作为当期费用处理，而是在以后的使用期间内逐步提取折旧或进行摊销。预计未来支出的环境成本，应依据其发生的可能性和金额的合理预计来进行评估，作为或有环境损失处理，或者作为环境负债处理。

按照成本收益的配比原则，当期发生的环境污染治理成本应在当期进行确认和计量；涉及几个期间的环境污染治理成本，应进行资产化，在有效期间内提取折旧或进行摊销。而对当期以前发生的环境污染进行治理成本的当期发生额，则应对过去年度的损益项目进行相应的调整（吴玉祥，2004）。

（二）环境成本核算的特殊原则

环境成本的核算原则是对会计核算所提供信息的基本要求，是处理具体会计业务的基本依据，是在会计核算前提条件的制约下进行环境成本核算的标准和质量要求。因此，核算原则是会计理论体系中的一个重要的层次。从会计学发展的历史来看，环境成本的核算原则主要是通过两个途径形成的：一是从多年的实践中进行总结、概括和抽象，也即通过归纳的方式形成的一些会计原则；二是从理论上进行逻辑推导，即通过演绎的方式形成的一些会计原则。

　　环境会计面临着许多传统会计所没有接触过的新问题，在诸如研究对象、会计目标、会计假设等基本理论问题上都与传统会计有一定的差别，在程序和方法上也与传统会计存在着差异，因此，建立环境成本核算的一般原则是开展环境会计核算工作的基础，对于环境会计业务的展开有着重要的指导意义。但是，环境成本的核算有其特殊的性质与内容，环境成本核算在遵循传统会计一般原则的基础上，还必须遵循一些特殊原则，如社会性原则、政策性原则、预警性原则、充分披露原则、环境效益与经济效益兼顾原则、外部影响内部化原则等。

● 企业环境成本计量的具体内容

（一）自然资源损耗

　　自然资源损耗反映企业在生产经营过程中，过量消耗自然资源所带来的损失，主要包括：①资源消耗成本。核算企业在生产经营活动中对自然资源的耗用或使用的成本。②自然资源超额消耗。核算企业生产、储运、销售过程中的自然资源超定额消耗。③环境污染损失。核算农田江湖、自然景观、居民生活区及工农业污染等所造成的损失，一般可按恢复或预防损害所需的成本来估价。④环境机会成本。核算资源闲置成本，包括闲置自然资源的补偿价值、保护费用、科研费用及有关损失等。⑤资源滥用成本。指滥用自然资源而造成的损失等。

（二）环境保护支出

　　环境保护支出反映企业环境保护所发生的支出，包括"三废"处理，控制、补救和减少自然资源耗费、美化工作、生活环境的各项支出，主要包括：①环保行政与规划费用。②资本投资。③研究与开发费用。④业务费用。⑤补救措施费用。⑥回收费用。⑦环境破坏成本。核算由于"三废"排放、重大事故、资源消耗失控等造成的环境污染与破坏的损失。⑧环境支出成本。通常情况下，核算环境预防费用、环境治理费用、环境补偿费用是指给受害者的补偿和环境发展费用等。

三 企业环境成本的计量属性

计量是在确认的基础上进行的，所谓确认，是指将某一项目作为一项资产、负债、所有者权益、营业收入、费用或其他要素正式列入财务报表的过程。一个被确认的项目，要同时以文字和数字加以描述，其金额包括在报表总计之中。美国财务会计准则委员会（FASB）所给出确认的标准：符合定义；可计量性；相关性；可靠性。国际会计准则委员会提出确认的标准是：与该项目有关的任何未来经济利益可能会流入或流出企业；该项目具有能够可靠计量的成本或价值。计量是指为了在资产负债表和损益表中确认和计列有关财务报表的要素而确定其货币金额的过程，这一过程涉及具体计量基础的选择。计量过程包括两方面的内容：第一，某一项目的实物数量；第二，项目的货币表现，即金额。金额取决于两个因素：计量单位和计量属性。然而根据会计理论中的标准，环境成本确认与计量过程中可能会遇到以下问题。

（一）确认的限制性

根据确认的标准，一个项目要具有可计量性才能被确认，然而企业有些经营活动使社会环境质量遭到破坏，存在着被要求治理和恢复环境的可能性，这种可能性会导致企业发生支出，这种支出虽然可以认识，但是，当现行的技术无法计量或无法准确计量时，则按现行规定就不能被确认为成本。

（二）计量属性的选择

从计量的角度来说，计量主要由计量单位和计量属性两方面内容所构成。可用于计量的属性有历史成本、现实成本、现行市价、可变现价值和现值等。传统上会计一直把历史成本作为其基本的计量基础（属性），计量单位采用不变购买力单位，因其比较可靠、简便。然而在环境成本的计量过程中，这种计量模式存在固有的局限性：首先，历史成本在相关性方面有缺陷，由于环境资源从消耗到再生，都要经历一个或长或短的时间过程，在这一过程中，环境资源的市场价格也在不断地变化，这种变动在以历史成本为计量属性的传统财务会计报表中根本无法反映；其次，企业在生产过程中对自然资源的消耗有时很难折合成货币单位，如稀缺的不可再生资源，它们的价格会随着数量的减少而增加，此时用物理单位显得更直观。因此，环境成本计量有以下特点：一是计量精度的模糊性；二是计量单位的多样性。影响环境成本的因素有很多，人们面对复杂的环境系统，对它进行有意义的精确化的能力很低，当复杂性超过一定界限时，模糊性就不容忽视。环境成本的计量单位也不能仅限于货币，对于企业已经发生的环境成本，对预计可能发生的环境支出，如企业未遵守相关的环境法规而对第三方的相关赔款等可以采用货币来反映。但在有些情况下，可以在以货币计量的同时辅以非货币性指标加以说明，如在对企业的污水排放的过程中就可以采用浓度等物理量单位来进行说明。企业的货币性计量与非货币性计量相结合可以使利益相关者对企业环境工作业绩作总体评价，因此，对环境成本的计量单位仍以货币计量为主，必要时可用实物指标或劳动指标，甚至用文字说明对环境造成的损害及所取得的环境业绩大小（张靖，2006）。

四　企业环境成本传统计量方法的具体应用

比较常见的环境成本的计量方法有直接市场价值法、替代性市场法与实际调查分析法。

（一）直接市场价值法

直接市场价值法是直接运用货币价格，对企业在生产经营过程所引起的，可以观察和度量的环境质量变动进行测算的一种方法。由于环境质量的变化会导致生产率和生产成本的变化，进而又会导致产量和产品价格的变化，这种变化可以在观测和计算的基础上根据市场价格予以衡量。直接市场价值法在应用中的具体形式如下。

1. 人力资本法

人力资本法是用环境污染对人体健康和劳动能力的损害来估计环境污染的损害，也可以用减少的这种损害来估量污染治理的效益。为避免重复计算，人力资本法只计算因环境质量脱离环境标准而导致的医疗费开支的变化，以及因为劳动者生病或死亡的提前或推迟而导致个人收入的增加或减少。前者相当于因环境质量脱离环境标准而增加或减少的病人人数与每个病人的平均治疗费（按照不同病症加权计算）的乘积；后者相当于环境质量脱离标准对劳动者预期寿命和工作年限的影响与劳动者预期收入（扣除来自非人力资本的收入）的现值的乘积。公式如下：

$$C_n = [P \cdot (L_i - L_{0_i}) \cdot T_i + Y_i \cdot (L_i - L_{0_i}) + P \cdot (L_i - L_{0_i}) \cdot H_i] \cdot M$$

$$(4\text{-}1)$$

式中，P 为人力资本（取人均值）[元/(年·人)]；M 为污染覆盖区内的人口数（如 100 万人）；T_i 为第 i 种疾病患者耽误的劳动时间（年）；H_i 为第 i 种疾病患者的陪床人员平均误工时间（年）；Y_i 为第 i 种疾病患者平均医疗护理费用（元/人）；L_i 为评估区第 i 种疾病发病率（人/100 万人）；L_{0_i} 为符合环境标准区第 i 种疾病发病率（人/100 万人）。

另外，根据 Mihsma 在 1972 年的研究（张靖，2006），该方法的估价模型为

$$LT = \sum_{t=T}^{\infty} \gamma_t P_T^t (1+r)^{-(t-T)} \qquad (4-2)$$

式中，γ_t 为预期个人在第 t 年内所得的总收入扣除其所拥有的非人力资本的收入；P_T^t 为个人从第 T 年活到第 t 年的概率；r 为预计到第 t 年有效的社会贴现率。

该方法适用于对生态损失进行计量，但其需要一个发育良好而且规范的资源市场来支撑。然而，人力资本法在道德和理论上都有不少引起争议的地方。首先，有人认为用总产出或净产出来衡量生命的价值，这意味着任何一个消耗大于产出的人（如退休者、患病者或儿童），其价值为零甚至为负值，或者说他们的死亡对社会是有利的，这显然不符合社会伦理道德。其次，人力资本法所获得的结果与个人支付意愿没有直接的联系，虽然一个人不可能支付比他收入更多的钱来避免某种死亡，但是根据人们对"预期寿命"微小提高的支付意愿就可推断出人们对自己生命价值的估计，可能是预计收入现值的数倍，生命是无价的。尽管人力资本法存在着这样或那样的异议，但在日常安全、健康和环境质量决策中，社会已经不知不觉地给人的生命和疾病确定了价值。

2. 生产率下降法

该方法将自然环境作为传统的生产要素看待，人类经济活动向自然资源排放废物，引起环境质量下降，使环境要素的服务功能下降，即环境资产的生产率下降。用减少的产出量的市场价值，作为环境资产质量恶化的成本。通常情况下，生产率下降引起的成本和利润的变化是以市场价格来计算的。

$$D = \Delta Q \cdot P \qquad (4-3)$$

式中，P 为产品单位市场价格；ΔQ 为环境资产生产率下降引起的经济产品产量变化量；D 为环境资产的恶化成本。

上述估价模型假定，产出量的变化量 ΔQ 相对于整个市场销售量的比例很小，可以认为产出量的变化不会引起产品市场价格的变动。如果产量的变化 ΔQ 相对于整个市场的销售量已不容忽略，并且引起价格的大幅波动，则要了解该产品的供给和需求曲线的信息，则环境资产恶化的成本可以近似由以下修正后的模型估价：

$$D = \frac{\Delta Q(P_1 + P_2)}{2} \qquad (4-4)$$

式中，P_1 为产出量变化前的单位价格；P_2 为产出量变化后的单位价格。

3. 机会成本法

该方法可以用来计量环境质量变化带来的经济效益或经济损失。当某些资源产生的社会净效益不能直接估算时，机会成本法是一种很有用的评价技术。所谓社会机会成本，是指失去的最佳用途的社会净效益，如计算环境污染或过

量开采引起水资源短缺所造成的工业经济损失，可以用每吨水创造的国民收入值乘以水资源短缺数量，就可计算出经济损失价值。又如，计算固体废弃物占用农田造成农业的经济损失，可以按照堆放的固体废弃物占用的土地面积乘以每亩耕地的机会成本。因此，资源的机会成本并不是固定不变的，通常随着资源稀缺性的增加而上升。然而，机会成本并不是这类决策过程的唯一变量，其他的因素可能还有公众舆论及当地就业和经济发展的要求。尽管如此，这种方法确实能够为这些决策提供极有价值的权衡信息。

4. 维护成本法

该方法是从环境资产（如自然资源、生态资源）经过使用后，维护其质量不下降所需的补偿费用角度，评估经济活动对非实物型自然资源消耗的环境成本，具体包括：防护成本法、恢复成本法和影子工程法。

防护成本法是用防护或避免环境资产的下降所需耗费的活劳动和物化劳动价值，作为经济活动的环境成本估价。恢复成本法指环境质量下降后，为恢复环境质量所需的成本。该方法将经济活动引起的环境质量恶化的恢复成本作为环境恶化的评估标准。影子工程又称替代工程法，它是恢复成本法的一种特殊形式。如果经济活动使某一环境资产的功能永久失去，用建造一个与原来环境资产功能相似的替代工程的成本作为经济活动对原有资产的消耗成本。例如，生产经营或排放污染物使当地的河流受到污染，达到一定程度以后，该河流就无法作为当地居民自来水的水源，企业可以由自己或与其他机构合作建造一个新的引水工程，来解决居民的饮水问题，此项环境损失的估价就可以用建造工程的费用支出来衡量。

5. 边际成本法

边际成本法是应用效用来衡量环境资源价值的一种方法，即计量每增加一个单位的产出量而需要增加的成本。该方法是利用边际成本与边际收益的关系来确定环境成本，在确定环境资源的价格时，可以考虑采用边际成本法。例如，我国森林资源的利用与价格的矛盾非常突出，导致人类无节制地砍伐的原因是资源价值的低廉，治理的关键是如何解决价格与消耗量的问题。为了使森林资源的价值适应现阶段我国的情况，可以考虑采用边际成本即每增加一个单位的产出量而增加的成本来计量环境资源价值。

6. 计量经济法

计量经济法将环境价值作为一个整体，运用费用-效用分析原理，通过对环境价值与经济活动关系的分析，寻找主要影响因素，建立关系式，然后利用大量数据分析并回归得出方程，应用回归方程计量环境成本。该方法往往与投入产出法同时应用。

7. 投入产出法

目前一些学者在国民经济投入产出核算中试着对资源环境因素进行分析，

并加入到投入产出核算平衡表中，创建资源环境成本核算模式。对企业而言，也可以用投入产出表建立经济活动中各种资源和环境消耗、污染排放及相应治理的活动，通过平衡关系式，计算企业消耗的各种环境成本。

1）自然资源耗减成本

$$C_i^e = p_i^e x_i^e (1 - \alpha_i) \tag{4-5}$$

式中，C_i^e 为第 i 种自然资源耗减成本；x_i^e 为企业各项活动对第 i 种自然资源的使用量；p_i^e 为单位第 i 种自然资源恢复费用；$\alpha_i = Z_i^e / X_i^e$ 为第 i 种资源恢复比例。

2）自然资源降级成本

$$C_i^w = p_i^w x_i^w (1 - \beta_i) \tag{4-6}$$

式中，C_i^w 为第 i 种污染物所引起的自然资源降级成本；x_i^w 为企业各项活动所排放的第 i 种污染物量；p_i^w 为治理单位第 i 种污染物所花费用；$\beta_i = Z_i^w / X_i^w$ 为第 i 种污染物消除比例。

3）自然资源维护成本

$$C_i^p = p_i^e z_i^e = \sum_{j=1}^{l} p_i^e u_{ij}^e + \sum_{j=1}^{n} p_i^p x_{ij}^{e1} + \sum_{j=1}^{k} p_i^{p'} x_{ij}^{e2} + \sum_{j=1}^{m} p_i^w e_{ij}^e + n_i^e \tag{4-7}$$

式中，C_i^p 为第 i 种自然资源的维护成本；p_i^e 为企业第 i 种资源恢复费用；p_i^p 为第 i 种自产产品单价；$p_i^{p'}$ 为企业第 i 种购买产品价格；p_i^w 为治理企业第 i 种污染物所花费用；n_i^e 为第 i 恢复部门恢复第 i 种资源时包括固定资产折旧部分的最初投入。

4）环境保护（污染物治理）成本

$$C_i^d = p_i^w z_i^w = \sum_{j=1}^{l} p_i^e u_{ij}^w + \sum_{j=1}^{n} p_i^p x_{ij}^{w1} + \sum_{j=1}^{k} p_i^{p'} x_{ij}^{w2} + \sum_{j=1}^{m} p_i^w e_{ij}^w + n_i^w \tag{4-8}$$

式中，C_i^d 为第 i 种污染物治理成本；p_i^e 为单位第 i 种资源恢复费用；p_i^p 为第 i 种自产产品单价；$p_i^{p'}$ 为企业第 i 种购买产品价格；p_i^w 为治理单位第 i 种污染物所花费用；n_i^w 为第 i 治理部门治理第 w 种废物时包括固定资产折旧部分等的最初投入。

5）其他部分决策模型

自然资源直接耗用系数：

$$r_{ij}^{s\,*} = P_i^s S_{ij}^* \div T_i^* \quad (\,* 分别为 r、m、g\,) \tag{4-9}$$

生态环境降级直接耗用系数：

$$r_{ij}^{w\,*} = P_i^w w_{ij}^* \div T_i^* \quad (\,* 分别为 r、m、g\,) \tag{4-10}$$

投入产出法是目前环境成本计量中最先进也是最为全面的计量方法，其应用几乎可以覆盖全部环境成本，投入产出法具有整体性优点，但需要大量经济和环境资源数据，而且对企业管理素质要求较高。因此，实际运用过程中还有很多需要注意的问题：①在通常的投入产出模型中，物质的生产和使用是平衡的。但是，在同时引入自然资源消耗与资源恢复、生态环境降级和污染处理的环境经济投入产出的模型中，自然资源消耗量与资源恢复量是不相等的，污染的排放量与实际治理量也是不相等的。这主要是由于技术原因很难做到完全治理污染和恢复资源，并且，不可再生资源是不可能得到恢复的。因此，在有关计算模型中必须引入恢复比例或治理比例。②从微观角度看，企业环境成本是一种机会成本，是企业非自行恢复自然资源或消除污染的机会成本。在自己处理自己所造成的环境破坏不能获得补偿的情况下，非自行恢复自然资源或消除污染的机会成本，应当是假设企业由自己完全恢复自然资源或完全消除污染应当支付的成本的相反数。因此，在计算本企业自然资源耗用环境成本和生态环境降级环境成本时所用的单价，必须是本企业恢复自然资源的单位成本和本企业治理污染的单位成本，而不能是缴纳自然资源占用费、补偿金、排污费、赔偿金等的单位金额。

8. 差别计量法

差别计量即通过计量生产成本与环境成本之差，也就是在实务工作中尽可能考虑目前现实状况，协调环境成本与生产成本两种核算之中增加特定的计量方法，包括差额计量法、全额计量法和按比例分配计量法。

（1）差额计量法，是指在进行环境投资支出时，根据支出总金额减去没有环境保护功能的投资支出的差额来进行计量，其后的折旧额也按这种差额的折旧进入环境成本，见图4-1。其典型应用是对带有环境保护功能的耐用资产投资和环境材料的采购等，由此可见，采用差额计量方式能较好地划分资源的环保功能和一般功能所各自承担的成本费用，准确地区别一般产品成本与环境成本。有助于信息披露的项目分类，对于采购间有环境保护功能的材料、固定资产等均宜采用这种计量方法。

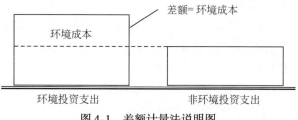

图 4-1　差额计量法说明图

（2）全额计量法，是指针对某一环境问题的解决而专门支付的成本金额，在会计上将其金额的全部计入环境成本。作为此类计量的典型业务有：环境保护专设机构的费用、环境保护技术的研究开发费用、环境管理体系的构建费用、环境污染治理等的专项投资、环境报告的编制成本等。该法的优势在于具有很强的针对性，其主要应用于某一项目或问题上的环境成本计量，反之并不适用。

（3）按比例分配计量法，是指将与产品生产密切相关的污染的治理费用，按一定比例分配计入到各产品的制造成本中去，如作为辅助生产车间的污水治理费用、各生产车间的废弃物处理成本等。其程序如下：首先，依据企业内能源流转方式，进行定量环境负荷测算。其负荷主要依据各种设施、各部门、各生产线及产品流程中涉及影响环境的数据，制成环境负荷流程图。其次，将环境费用按"直接费用""部门费用"和"共同费用"类别进行归集。

差别计量方法的产生，是由于企业与环境的关系日趋复杂，而且许多环境成本与企业成本并存于一笔支出内。例如，对某一生产设备增加环保部件，若要求分别设立生产成本和环境成本两大核算系统，在现实中不切实际，因此，可以在生产成本核算系统中适当设置有关环境成本的科目账户，于期末再依据这些数据编制环境成本报告书，或在原有财务报告提供信息的基础上，附加有关环境成本核算资料的方法，符合当前公司实际，实务性也较强，本书中对制造型企业环境成本计量多采用此种方法。

9. 直接市场价值法的案例分析

M 公司位于 N 市的一个小镇上，有员工 600 名，有一项产品为安全牌锁具，该锁具的生产工艺流程如下：首先，由工人伐木打磨，打磨时采用液化石油气系统清理废屑和冷却伐木器械。其次，将金属薄片附上木具模型，结束后在锁具半成品上留下一定量的油脂残余物，为了保证锁具成品的坚固性必须将这些残余物重新脂化并去除。该公司采用一种蒸汽式脂化系统（简称 TCE）作为去除工序，但是，TCE 会产生一种废气，该废气被鉴定为有毒废气，会令当地的农作物减产，并令当地的肺癌发病率上升。相关法规规定产生该废气的生产过程要受到严格限制，为达到安全标准，公司发生了一系列环境支出，针对这些支出管理层对现在的生产运营情况进行了分析。

公司使用 TCE 系统每年的环保总费用为 50 万元，其中，监督成本 5 万元，清理费用 18 万元，排污费 22 万元。另外，公司测算出生产每件产品平均产生 0.04 单位的废气，平均每单位的废气会导致当地农作物减产万分之一，使当地肺癌发病率较符合环境标准区的发病率上升 0.001‰。污染物覆盖地区人口总量为 6000 人，现阶段人均国民生产总值为 8000 元，该地区农作物正常情况（无污染情况）下产量应为 2000 吨，平均价格为 2400 元/吨。另据测算，在当地，肺癌患者平均误工时间为 5 年，患者陪护人员平均误工时间为 2 年，患者平均医疗费为 2.5 万元。目前该公司每年生产 10 万件产品，市场售价为 350 元/件。

根据生产率下降法公式 $D = \Delta Q \cdot P$ 计算 M 公司污染大气所造成的环境损失。

M 公司年产产品 10 万件，每件产品会产生 0.04 单位的废气，共产生废气 4000 单位。又每单位废气会导致农作物减产万分之一，则当地每年农作物由于 M 公司的污染减产 2/5，又由于污染物覆盖地区农作物正常产量应为 2000 吨，所以在空气被污染后产量应为 $2000-2000 \cdot 2/5 = 1200$ 吨，$\Delta Q = 800$ 吨。农作物平均单位价格为 2400 元/吨，可以计算出 $D = \Delta Q \cdot P = 2400 \cdot 800 = 1\,920\,000$ 元。这是由于污染自然环境造成产品损失的市场价值，是 M 公司的一项环境成本。

根据人力资本法公式计算人力资本损失：

$$C_n = \left[P \cdot (L_i - L_{0_i}) \cdot T_i + Y_i \cdot (L_i - L_{0_i}) + P \cdot (L_i - L_{0_i}) \cdot H_i \right] \cdot M$$

$$(4\text{-}11)$$

该企业每年排放 4000 单位的有害废气，可使当地肺癌发病率较符合环境标准区的发病率上升 $0.001‰ \cdot 4000 = 4‰$，也即 $L_i - Lo = 4‰$。污染物覆盖地区人口总量为 6000 人，$M = 6000$，现阶段人均国民生产总值为 8000 元，$P = 8000$ 元。在当地，肺癌患者平均误工时间为 5 年，$T_i = 5$，患者陪护人员平均误工时间为 2 年，$H_i = 2$，患者平均医疗费为 2.5 万元，$Y_i = 25\,000$ 元。

$$\begin{aligned} C_n &= \left[P \cdot (L_i - L_{0_i}) \cdot T_i + Y_i \cdot (L_i - L_{0_i}) + P \cdot (L_i - L_{0_i}) \cdot H_i \right] \cdot M \\ &= \left[8000 \cdot 0.4\% \cdot 5 + 25\,000 \cdot 0.4\% + 20\,000 \cdot 0.4\% \cdot 2 \right] \cdot 6000 \\ &= 2\,520\,000 \end{aligned}$$

由于污染自然环境造成人力资本损失的价值为 $2\,520\,000$ 元，这是 M 公司的又一项环境成本。

（二）替代性市场法

直接市场法所使用的是有关商品和劳务的市场价格，在现实生活中还存在着这样一些商品和劳动，它们是可以观察和度量的，也是可以用货币价格加以测算的，只不过它们的价格只是部分地、间接地反映了人们对环境变化的评价。用这类商品与劳动的价格来衡量环境变化的一类方法，就是替代性市场法。具体包括：资产价值法、工资差额法、旅行费用法和后果阻止法。由于包括环境因素在内的多种因素对替代商品和劳务的综合影响，使用时需排除其他因素对数据的干扰，故计量难度大，可靠性相对较低。

1. 资产价值法

资产价值法亦称享乐价格（hedonic price）法。它是把环境质量看做影响资产价值的一个因素，当影响资产价值的其他因素不变时，以环境质量变化引起资产价值的变化量来估计环境污染或改善造成的经济损失或收益的一种方法。一般根据该种方法来研究噪声环境、大气污染及水体景观对资产价值的影响。资产类型中尤以房产价值最为典型，其基本思路是观察环境条件的差别如何反映在不同的地价或宅价上，据此推算环境资源的价值。在具体应用时，可用回归分析法计算、测定环境特性量（如到市中心的通行时间、使用面积大小等）对地价的贡献度，该贡献度可视为环境资源价值。在适当的情况下，环境质量作为影响房产价值的一个隐含价格的变化，也可以用个人对环境质量的支付愿望来说明。

2. 工资差额法

该方法利用环境质量不同条件下工人工资的差异来估计环境质量变化造成经济损失或带来的经济效益。运用工资差额法的前提是工人可以在区域内自由迁徙或调换工作，工人的工资受很多因素的影响，如工作性质、技术水平、风险程度、周围环境质量等。往往用高工资吸引工人到污染地区工作，如果工人可以自由调换工作，那么工资的差异部分归因于工作地点的环境质量。因此，工资差异的水平可以用来估计环境质量变化带来的经济损失或效益。与资产价值或享乐价格法一样，也可以建立享乐工资模型或函数。一般可以考虑如下的方式：

$$W = w(v, q_1, q_2) \tag{4-12}$$

式中，W 为工人的年收入；v 为工人的履历资格（如年龄、教育和技术熟练水平等）；q_1 为反映工作地区周围环境质量的变量；q_2 为与所从事职业的健康风险有关的工作安全变量。

这样，该函数对 q_1 的偏微分就是与工作有关的环境质量变化的隐含价格。

该方法假设在劳动力市场中无歧视、联合的市场支配、被迫失业或自由流动障碍及可以自由选择职业。实际上，这种完全竞争的劳动力市场在发达国家也不尽存在。对于"爱好风险"的人来说，环境风险的隐含价格难以体现在工资收入上。对于许多贫穷的发展中国家或落后地区，穷人对生活和工作条件是不能选择的，由此他们在理论上的支付意愿和实际的可能支付存在着很大的差距。尽管如此，由于应用了实际劳动力市场计算环境改善带来的效益，该方法仍然还是极有吸引力的。

3. 旅行费用法

该方法是一种评价无价格商品的方法。认为旅游者之所以前往诸如名山大川、奇峰怪石、山清水秀等舒适性环境资源旅游，是间接因为对其工作和居住地环境质量的不满，从而反映了旅游者对环境质量的支付意愿。因此，在排除了其他因素的影响后，就可以用旅行费用来间接衡量环境质量恶化的货币价值。

发达国家广泛使用这种方法来求取人们对户外娱乐商品的需求曲线。由于娱乐场所的用户往往是不付费的，或者至多是付入场费而已，因此，使用这些设施获得的（门票）收益不能很好地反映这个场所的价值。一般来说，旅行的主要费用包括交通费、有关旅游点的直接花费及时间的机会成本。

4. 后果阻止法

在环境质量的恶化已经无法逆转时，人们往往通过增加其他的投入或支出来减轻或抵消环境恶化的后果，用这些投入或支出的金额来衡量企业对环境的污染程度的方法就是后果阻止法。例如，用增加化肥和良种来抵消环境污染造成的单产下降。

由此可见，替代性市场法使用的信息往往反映了多种因素产生的综合性后果，而环境因素只是其中之一，因而排除其他方面的因素对数据的干扰，就成为采用替代性市场法时不得不面对的主要困难。因此，替代性市场法的可信度要低于直接市场法。另外，替代性市场法所反映的同样只是有关的商品和劳务的市场价格，而非消费者相应的支付意愿或受偿意愿，因而同样不能充分衡量环境质量的价值。但是，替代性市场法能够利用直接市场法所无法利用的可靠信息，衡量时所涉及的因果关系也是客观存在的，这是该方法的优点。

（三）实际调查分析法

实际调查分析法是指通过对那些享受了企业效益或承担了环境成本的个人或组织进行调查，收集有关信息，通过对信息的分析来确定环境效益或环境成本数值的方法。在应用此法时常用提问题的方式进行，如对于环境成本，可以问"你愿意花多少钱投入环境治理"。将针对某一环境项目的一系列所提的问题列入调查表，应用数理统计的方法计算所有或所抽样本的均值和方差，以计算出的均值和方差，分析确认所调查项目的环境成本。

在缺乏市场价格数据时，可以借助于实际调查分析法即通过对消费者直接调查，了解消费者的支付意愿或他们对商品或劳务数量的选择愿望。目前，调查评价法已用于公有资源或不可分物品（如空气和水质），并具有美学、文化、生态、历史或稀有特性的享受性资源及没有市场价格的物品价值的估算。

环境成本计量研究属新兴的领域，没有成熟和公认的研究成果。从已有的研究可以看出，环境成本计量方法在理论上好像比较丰富，而这些方法在实际中的应用却极为有限，如市场价值法在计算时需要的数据是很难统计的；而替代性市场法则只是提出了一种计量环境成本的思路，很难在实际中运用。环境成本的计量是难点，如何确定特定环境的货币金额？各种计量方法都有自己的特点。因此，在计量特定环境成本时，应根据计量的、可获信息的充分性及可靠性和成本-效益原则来选择具体方法，或者是选择其中的一个，或者是几种方法的组合。关键在于所采用的计量方法是否能够较为准确并且较为简捷地反映出环境对经济所造成的可以计量的损失。

第二节　企业环境成本内部化计量方法的设计

一 企业环境成本内部化计量方法的设计理念

环境成本内部化需要借助于各种政策工具，即法规和经济工具。法规是被普遍采用的工具，通过设定污染排放标准或环境绩效要求来使环境成本内在化于价格之中。例如，工厂排放标准、器具燃料效率标准、可再装容器要求等。但在近几年，经济工具作为更有效的选择被越来越多的国家采用，它包括税收、费用、可交易的排放许可、补贴和押金退款制度等。例如，加拿大的安大略省对效率低的汽车征收汽车滥用税，美国的可交易的二氧化硫排放交易许可，丹麦对用小容器装的农药的出售另外收费等，伦敦对市民征收一次性塑料方便袋税，从而有效控制了白色污染。从当前的现状看，对污染征税更具有可行性，而自愿协商尚存在很大的局限性，原因如下。

第一，环境与生态资源无法做到产权明晰。由于公共财产的产权具有模糊性和非排他性，其使用权名义上属于公众，实际上任何人都可以自由使用公共财产而无须征得他人的同意或缴纳相应费用。例如，假定政府采用明确产权的办法来试图消除空气污染导致的外部性，即规定任何人只能污染属于他个人的那一份空气，这样做的结果是：明确产权所必需的监督和强制执行成本（即为确定某一经济当事人所污染的空气的产权归属所需要的交易成本）不仅大大高于空气污染造成的损失，而且可能高得达到人类社会无法承受的地步，这样，自愿协商也就失去了意义。在这种情况下，政府就必须引入市场机制，促使损害者将其活动的社会成本纳入到其私人成本中去，即内部化。政府可通过对外部不经济行为征税，如对生产中出现的污染行为征税、对消费行为征税、对消费产生的垃圾征税等，使损害者自行负担损害成本，从而使外部性成本（社会成本）内在化。

第二，没有考虑代际效率与公平。环境污染和生态破坏往往具有长期影响，因而会损害到后代人的利益，甚至危及后代人的生存，如温室效应、物种灭绝等环境问题。由于自愿协商一般只能局限于代内，如果受害者是后代人，他就没有向前辈讨价还价的可能性。唯一可行的办法就是由当代人中的某一机构或社会集团来充当后代人的代表，通常由政府充当，通过政府干预来保护后代人的权益。假定政府是一个理智的、对后代负责任的政府，则会通过税收等手段对当代人有可能向后代人传递的外部性进行税收调节。通过生态税收的征收建立代际补偿基金等，用于弥补给后代人的损失；或者通过生态税收的征收阻止或缓解当代人向后代人延伸负的外部性，如将税收用于环境保护工程、资源的保护、新技术的开发等。

第三，环境信息的稀缺性与不对称性导致市场调节失灵。因为，生态经济系统就像一只"黑箱"，人类对它的了解还微乎其微，与人类对信息的需求相比，信息的供给是十分有限的。人们总是进行"信息封锁"，以保证自身的信息优势。而信息的公共性和人的机会主义行为倾向，容易导致信息的不对称。例如，污染者对其生产过程、生产技术、排污状况、污染物的危害等方面的了解往往比受污染者要多得多，但受个人经济利益的驱使，往往会隐瞒这些信息，实施污染行为。由此可见，通过自愿协商解决环境问题所需要的交易成本太高，甚至在某些条件下（如涉及代际公平时），自愿协商根本不能发挥作用。因此，在解决环境污染与生态破坏问题时，征税便是一种更为可行的方法。

▰ 企业环境成本内部化的计量与披露

（一）资源损失的计算

生态损益表主要的项目是环境成本，而环境成本中难以计算的是资源损失和单位资源损失的成本。

资源损失的计算公式如下：

$$资源损失 = \sum 期初资源价值 + \sum 投入资源价值 - \sum 期末资源价值$$

$$(4\text{-}13)$$

如果每个生产步骤都属于简单生产，那么，直接采用投入资源的价值减去期末资源价值就可以计算出资源损失：

$$资源损失 = \sum 投入资源价值 - \sum 期末资源价值 \qquad (4\text{-}14)$$

式（4-8）大大简化了资源损失的计算方法，但需要注意的是，不能直接计算出资源损失的价值，原因是在每个作业中心（AUC）的投入资源价值中并不包含投入的人力与机器资源的价值，但产出的资源价值中则包含了人力与机器资源的价值。解决的办法有：一是将每个 AUC 投入的直接人工与制造费用追加到 AUC，这样就可以和产出资源价值对等起来，之后相减就可以得到资源损失的数值；另一个办法是将产出资源价值中扣除其承担的直接人工与制造费用，这样也可以对等相减。两种方法没有本质区别，理论上两者的计算结果是一致的。本书采用第二种方法进行计算，即把直接人工与制造费用从产出资源价值中扣除出去。使用这种方法的前提是每个 AUC 都能够准确记录资源产出的生产工时，并且设置统一的基本生产二级明细账，记录整个企业累计的直接人工、制造费用和累计人工工时，据此计算以供整个企业分配的直接人工分配率和制造费用率。计算公式为

$$直接人工分配率 = \frac{累计直接人工合计}{累计人工工时} \qquad (4\text{-}15)$$

$$制造费用分配率 = \frac{累计制造费用合计}{累计人工工时} \qquad (4\text{-}16)$$

某个 AUC 应承担的人工与制造费用

$$= (直接人工分配率 + 制造费用分配率) \times 人工工时 \qquad (4\text{-}17)$$

以 1 月为例，首先编制基本生产的二级明细账，如表 4-1 所示。

表 4-1　基本生产二级明细账

日期	摘要	生产工时/小时	直接人工/元	制造费用/元	合计/元
1 月 31 日	本月发生	505 192	9 668 389.58	10 100 567.28	19 768 956.86
	累计	505 192	9 668 389.58	10 100 567.28	19 768 956.86
	累计分配率/(元/小时)		19.138 049 65	19.993 521 83	

根据式（4-9）与式（4-10）可以计算出 1 月的直接人工与制造费用分配率分别为 19.138 049 65 元/小时与 19.993 521 83 元/小时。只要每个 AUC 能够准确记录人工工时就能够计算出应负担的直接人工与制造费用，从而把这些费用从产出资源价值中扣除。

"扣除人工与制造费用后的产出资源价值"与"资源损失"计算方法为

$$\text{扣除人工与制造费用后的产出资源价值}$$
$$=\text{实际产出价值}-(\text{直接人工分配率}+\text{制造费用率})\times\text{人工工时} \qquad (4\text{-}18)$$
$$\text{资源损失}=\text{实际投入资源金额}-\text{扣除人工与制造费用后的产出资源价值}$$
$$(4\text{-}19)$$

资源损失是正数的，表明在这个 AUC 投入的资源比产出资源多，产生了资源损失；如果资源损失是负数，说明这个 AUC 投入资源比产出资源少，并不产生资源损失。从表 4-2 的计算结果可知，脱硅 AUC、焙烧 AUC 与电解 AUC 产生了资源损失，而其他 AUC 并未产生资源损失。可以看到 10 个 AUC 中只有 4 个产生了资源损失，但是这 4 个 AUC 却产生了该企业在 2008 年 1 月绝大部分的资源损失，原因是抵减掉其他 6 个 AUC 的负资源损失，最后还产生净资源损失 31 610 904 元。因此，这 4 个 AUC 应是进行环境控制的重点。

表 4-2　资源损失计算表（2008 年 1 月 31 日）

AUC	投入资源	实际投入资源金额/元	产出资源	实际产出价值/元	人工工时/小时	扣除人工与制造费用后的产出资源价值/元	资源损失/元
原材料 AUC	铝土矿（60%） 石灰 液碱（30%）	1 172 250 94 500 462 000	矿浆	2 808 960	36 671	2 107 148.581	−378 398.6
脱硅 AUC	生浆料 蒸汽	356 400 20 550 000	脱硅浆	300 200	5 257	199 591.273	20 706 809

续表

AUC	投入资源	实际投入资源金额/元	产出资源	实际产出价值/元	人工工时/小时	扣除人工与制造费用后的产出资源价值/元	资源损失/元
一溶沉降 AUC	矿浆 脱硅浆 蒸汽	1 386 000 300 200 14 550	种分精液	2 761 820	10 020	2 570 056.742	-869 306.7
二溶沉降 AUC	矿浆 蒸汽	1 411 740 14 511.45	叶滤精液	2 206 160	9 518	2 024 004.043	-597 752.6
一分解 AUC	种分精液 热水	2 761 820 5 309.7	Al(OH)$_3$	6 753 600	90 065	5 029 931.558	-2 262 802
二分解 AUC	叶滤精液 热水	2 206 160 398 211	Al(OH)$_3$	5 628 000	86 309	3 976 214.073	-1 371 843
焙烧 ACU	重油 Al(OH)$_3$	8 112 500 13 503 000	Al$_2$O$_3$	17 360 000	75 310	15 918 713.48	5 696 786.5
铸造 AUC	铝液 造渣剂	13 770 000 675 060	铝锭	42 500 000	60 060	41 350 568.74	-269 005 509
精铝 AUC	铝锭 电力 水 电极 铜	42 500 000 37 795 370 10 871.85 2 912 000 10 080 000	高纯铝液	107 649 000	59 882	106 502 975.3	-13 204 733
合计	—	223 680 254	—	201 737 740	505 192	192 069 350.4	31 610 904

　　隐性环境成本不但需要资源损失的计算，还需要对另外一个参数进行计算，那就是单位资源损失的成本 k。k 值通常被称为转换系数，是把资源损失价值转换为环境成本。尽管资源损失是造成环境破坏继而产生环境成本的主要原因，但从本质上讲，资源损失并不能完全代表环境成本。也就是说，100 元的资源损失并不意味着会对环境产生等值 100 元的损害，真实的环境成本可能大于 100 元，也可能小于 100 元，而等于 100 元的概率非常小。资源损失到环境成本的转换受到影响的因素很多，包括行业、资源污染特性等，行业不同、资源污染特性的不同，同样的资源损失也会产生不同的环境成本。由于资源名目繁多，不可能完全掌握每一种资源的污染特性，但基于行业的转换系数计算还是可行的。

　　国外学者与实务界对此也有研究，日本的 LIME（life-cycle impact assessment method based on endpoint modeling）、JEPIX、MAC，荷兰的 Eco-indicator99，瑞典的环境优先战略（EPS），欧盟主导开发的 ExternE 认定等。其中，LIME 可以作为借鉴的标准，LIME 是综合产业技术研究所生命周期评估研究中心与生命周期评估（LCA）项目联合开发的日本版损害测算定性环境影响评价方法，该方法确定各端点之间的重要性清单，计算特性化系数和损害系数，详细划分地球温暖化、臭氧层破坏、大气污染等 11 个环境领域中的 1000 种环境物质，以其为评价对象，通过式（4-20）计算出单一货币化指标。

$$\sum_{j=1}^{J}\sum_{i=1}^{I} s_i \times DF_{ij} \times WTP_j = \sum_{i=1}^{I} s_i \times (\sum_{j=1}^{J} DF_{ij} \times WTP_j) \quad (4\text{-}20)$$

式中，s_i 为物质 i 的生命周期清单；DF_{ij} 为物质 i 对保护对象 j 的损害系数；WTP_j 为保护对象 j 的 1 指标单位损害回避愿意支付额（willingness-to-pay）。使用 LIME 系数，需要事先统计出具体的废弃物数量，然后将这些废弃物数量进行标准化（重量为千克，烟气为立方米，电力为千瓦时），将标准化的数额乘以 LIME 系数即可得到这些废弃物的外部损害成本，如电力的 LIME 系数为 3.35 日元/千瓦时。但是使用这种方法的前提是能够准确计量废弃物的数量，这对国内企业来说是难以实现的，因此，直接使用国外的成熟做法是行不通的。如果在针对某一个行业，资源损失可以准确统计和每个行业对外部环境造成的环境损失可以通过社会力量进行计量的话，那么转换系数 k 也是可以计算出来的。这样的设想是完全可以实现的，资源损失是一个价值量，而且是一个倒推的数值，比起直接使用废弃物的数量可以计算的可能性大。只要行业内企业定期计算每个企业的资源损失，那么汇总后的资源损失总额也较为容易计算出来。另外，某个行业对环境损害的数量也可以通过宏观统计的方式计算得到。2008 年 10 月 27 日，绿色和平组织、能源基金会与世界自然基金会共同发布的《煤炭的真实成本》报告指出，2007 年我国煤炭造成的环境、社会和经济等外部损失超过人民币 17 000 亿元，相当于当年国内生产总值的 7.1%。可见，计算某个行业的环境损失是完全可行的。这样，k 值可以通过式（4-21）进行计算：

$$k = \frac{\text{某行业环境损失总额}}{\text{某行业资源损失合计}} \quad (4\text{-}21)$$

针对电解铝行业来讲，评估该行业对环境造成的损失并不困难，所有企业的资源损失合计也可以通过汇总各个企业的资源损失总额得到。限于篇幅，本书不再详细说明这两个汇总指标的计算方法，而对于本书来说，这也不是主要问题。假设这两个汇总指标可以得到，通过代入式（4-21），计算出 k 为 0.25，即企业产生 1 元的资源损失可产生 0.25 元的环境成本。

(二) 环境成本内部化报表的编制

环境成本内部化报告体系包括三张主要报表与两张附表，三张主表分别为资源平衡表、生态损益表与物质流量表，两张附表分别为生态权益变动表与生态权益增减变动分析表。三张主表的编制顺序是先编制资源平衡表，计算出资源损失，然后编制生态损益表，最后编制物质流量表。表4-3～表4-5是根据阳光集团公司2008年1月的资料编制的三张主要报表。

表4-3　资源平衡表

原始投入资源	金额/元	中间投入资源	金额/元	产出资源	金额/元
铝土矿（60%）	1 172 250	矿浆	690 591	高纯铝液	106 502 975
石灰	94 500	脱硅浆	100 609	资源损失	31 610 904
液碱（30%）	462 000	种分精液	191 763	产出合计	138 113 879
生浆料	356 400	叶滤精液	8 294 656		
蒸汽	20 579 061	Al（OH）$_3$	4 496 854		
热水	5 310	Al$_2$O$_3$	1 441 287		
重油	398 211	铝液	1 379 853		
电力	79 386 370	铝锭	1 149 431		
碳素阳极	3 686 000	投入合计	138 113 879		
氟化盐	550 800				
造渣剂	675 060				
水	10 872				
电极	2 912 000				
铜	10 080 000				

表4-4　生态损益表

行次	项目	金额/元
1	生态收入	
2	环保产品收入	308 621
3	环保服务收入	138 492
4	生态收入合计	447 113
5	生态成本	
6	第一部分环境成本（显性成本）	359 339
7	其中，材料费	120 632
8	人工费	93 716
9	环保固定资产折旧	109 372
10	环境诉讼费	8 000
11	罚款与赔偿支出	18 237
12	其他与环境控制相关显性成本	9 382
13	第二部分环境成本（隐性成本）	7 902 726
14	其中，资源损失	31 610 904
15	生态成本合计（6+13）	8 262 065
16	生态损益（4-15）	-7 814 952

表4-5 物质流量表

原材料AUC

投入资源	金额/元
铝土矿(60%)	1 172 250
石灰	94 500
液碱(30%)	462 000
产出资源	金额/元
矿浆	2 107 148.581
累计资源损失	−378 398.582

脱硅AUC

投入资源	金额/元
生浆料	356 400
蒸汽	20 550 000
产出资源	金额/元
脱硅AUC	199 591.27
累计资源损失	20 328 410

一溶沉降AUC

投入资源	金额/元
矿浆	1 386 000
脱硅浆	300 200
蒸汽	14 550
产出资源	金额/元
种分精液	2 570 056.7
累计资源损失	19 459 103

二溶沉降AUC

投入资源	金额/元
矿浆	1 411 740
蒸汽	14 511.45
产出资源	金额/元
叶滤精液	2 024 004
累计资源损失	18 861 351

一分解AUC

投入资源	金额/元
种分精液	2 761 820
热水	5 309.7
产出资源	金额/元
Al(OH)$_3$	5 029 931.6
累计资源损失	16 598 549

二分解AUC

投入资源	金额/元
叶滤精液	2 206 160
热水	398 211
产出资源	金额/元
Al(OH)$_3$	3 976 214.073
累计资源损失	15 226 705.88

焙烧ACU

投入资源	金额/元
重油	8 112 500
Al(OH)$_3$	13 503 000
产出资源	金额/元
Al$_2$O$_3$	15 918 713
累计资源损失	20 923 492

电解AUC

投入资源	金额/元
电力	4 1591 000
碳素阳极	3 686 000
Al$_2$O$_3$	17 360 000
氟化盐	550 800
产出资源	金额/元
铝液	12 390 147
累计资源损失	71 721 146

转造AUC

投入资源	金额/元
铝液	13 770 000
造渣剂	675 060
产出资源	金额/元
铝锭	41 350 569
累计资源损失	44 815 637

精铝AUC

投入资源	金额/元
铝锭	42 500 000
电力	37 795 370
水	10 871.85
电极	2 912 000
铜	10 080 000
产出资源	金额/元
高纯铝液	106 502 975
累计资源损失	31 610 904

资源平衡表主要说明资源的投入与产出的平衡关系，按照物质平衡原理，资源的投入应等于产出。由于缺乏价值衡量，这个原理一直处于定性阶段。但从会计衡量的角度看来，投入资源的价值量至少应等于产出价值量，这样才符合成本效益原则。一旦产出价值小于投入资源的价值量，则就产生了资源损失，因此，资源平衡表满足以下等式：

$$投入资源价值 = 产出资源价值 + 资源损失 \qquad (4\text{-}22)$$

资源平衡表可以根据表4-2（资源损失计算表）计算得到，首先将投入资源与产出资源按照同类进行合并相加，然后将投入资源与产出资源中同项进行相减，余额保留在投入资源一方，最后，加总所有投入资源价值扣减所有产出资源价值，得到资源损失。计算结果如表4-3所示。

由于该企业并没有提供有规划或者赢利性强的环境保护收入，因此，环保产品与服务非常少。另外，在传统会计核算系统下可以非常准确地计算出显性环境成本，反映在生态损益表中。

从表4-4可以看到，2008年1月该公司的生态损益为-7 814 952元，直接导致生态权益是负数的是隐性环境成本，因此，该企业如想使生态损益为正数，必须在隐性环境成本的节约上寻求改进途径。

物质流量表反映的是资源损失在每个AUC的分布情况，从物质流量表中可以直观看出每个AUC的资源损失情况及对最后资源损失的贡献。以阳光集团公司2008年1月数据为例，物质流量表如表4-5所示。

除了三张主要报表以外，对外披露的还包括两张附表，分别为生态权益变动表及生态权益变动分析表，如表4-6和表4-7所示。

表4-6　生态权益变动表

编制单位：阳光集团公司	2008年1月	
项目	本年数	上年数
年初数/元	135 560 000	——
本期增加数（减少以"-"列示）/元	-7 814 952	——
年末余额/元	127 745 048	——
生态权益变动幅度	-5.76%	——
评价等级	较差	——
备注		

表 4-7　生态权益变动分析表

月初生态权益	135 560 000		
月末生态权益	127 745 048		
是否保值增值	否		
原因分析			
投入资源定额差异分析	实际消耗/元	定额成本/元	差异（超支+节约-）/元
	227 264 153	225 064 480	2 199 673
投入产出效率分析	有效率 AUC 数	无效率 AUC 数	无效率 AUC 名称
	7	3	原材料、脱硅、一分解
资源损失分析	投入资源/元	产出资源/元	资源损失/元
	138 113 878.9	106 502 975.3	31 610 903.58

可以看到，在环境成本控制实施的第一个月，生态权益比其初始值减少了5.76%，按照判断标准，属于较差的等级。该企业若想在 2008 年取得较好的成绩，必须在未来的 11 个月内解决 1 月份存在的问题，因此，必须对 1 月份产生的生态权益减少的原因进行分析，编制生态权益变动分析表。在生态权益变动分析表中，主要列示三个方面的内容：定额差异、投入产出效率及资源损失。

根据生态权益变动表，可以看到造成生态权益减少的原因，无效率的三个AUC 导致比定额多消耗了 2 199 673 元的资源，并使企业整体产生了31 610 903.58元的资源损失（姚圣，2009）。

第三节　企业环境成本内部化计量方法的特征比较

环境成本计量是环境成本控制的基础，实施环境成本控制首先要对其计量方法进行分析。环境成本的复杂性和多样性，直接导致环境成本计量方法多种多样，在纷繁复杂的环境系统中如何选择合理的计量方法一直是学者们难以攻克的难题。根据环境成本计量方法的特点，本书将对现有环境成本计量方法进行分析，以便在控制过程中有效地进行选择。

一　企业环境成本计量方法的发展

（一）企业环境成本传统计量方法的局限性

环境成本计量的传统方法是指将传统会计成本核算方法应用于环境成本的计量，包括制造成本法、作业成本法和全成本法。

1. 制造成本法

制造成本法是指产品成本由直接材料、直接人工和制造费用构成，其中制造费用以某种分配关系分配到各个产品。然而，环境成本的确认具有一定的不确定性，直接材料和直接人工的归属有一定的难度，一般情况下，企业把环境成本列入管理费用、营业外支出或销售成本。这样计量环境成本虽然简单，但环境费用最终由企业承担却不能通过产品成本得到补偿。即使通过制造费用把环境成本分配到产品成本之中，也会由于不同产品对环境成本的不同影响使产品定价扭曲，不利于正确判断产品的赢利能力。由于企业环境成本内容的不断变化与增加，这种方法的缺点会更加突出，致使成本管理缺乏可靠依据。

2. 作业成本法

作业成本法是对制造成本法的改进，以作业为核算对象，通过成本动因分析确认和计量作业量，以作业量为基础分配制造费用的计算方法。其理论基础是产品消耗作业，作业消耗资源并导致成本发生。采用多标准分配（不同的作业中心采用不同的作业动因）使制造费用分配准确性相比制造成本法有极大的提高。应用该方法时必须要考虑以下因素：①环境成本应考虑内部成本，包括传统成本和隐藏成本。在实际应用中，成本资料的取得，不仅需要通过传统会计系统，还需要利用其他渠道，如各种维修原始记录及管理人员的估计等。对于外部环境成本可能要借助环境经济学的理论方法进行计量。②在确定环境成本项目的基础上，应对其成本作业进行分析，以选择适当成本动因，如排污费可能和排放量、排放的有毒物含量、排放物的增量、处理不同排放物成本等作业动因有关。③环境成本的分析还要考虑其他因素。作业成本计算所确定的环境成本，要与企业其他管理系统如全面质量管理（TQM）、绿色设计（DFE）、作业成本管理（ABM）相结合，才能为决策提供依据。

3. 全成本法

全成本法是指将环境成本追踪到特定产品或项目，而不是分配到制造费用成本库中。通常企业发生的环境相关支出，如环境相关保险费用、环境罚款、环境清理费用等都被"隐藏"在制造费用中，并随后配入产品成本，而全成本法可以确认分配到产品成本的制造费用中有多大部分是由环境保护或环境恢复活动导致的。从产品定价来看，全成本法可以将环境预防成本、环境维持成本及环境损失成本计入产品和服务价格，从而减少价格低估的可能性。全成本法对于环境成本的单独确认，有利于促进企业在产品和服务品种的选择、资本支出和投融资决策等方面考虑环境成本因素。但是，全成本法在环境损失成本的计量方法和准确性等问题上仍存在局限性。

（二）企业环境成本计量方法的发展

环境成本计量对象范围越来越广泛，种类越来越繁多，存在的形态也不规范，鉴于传统核算方法的缺陷和环境成本计量的特点，应该选择适用性和准确性兼顾的计量方法。依据其计量主体的特性可将环境成本计量方法发展为直接市场价值法、替代性市场价值法和其他方法。前两种方法前面已经叙述，其他方法主要是指企业环境成本内部化辅助计量方法。例如，① 政府认定法。政府认定法是指当企业的某种污染达到一定程度后，政府环保机关可能会采取措施要求企业实施必要的治理，其治理方式有企业自己治理、企业出资由政府集中治理、企业同有关方面共同治理三种。对于该项治理费用，通常是依据政府环保机关有关部门拟订治理预算方案后，由企业进行预提入账，以便正确地反映企业财务状况和经营成果。②法院裁决法。由于环境污染导致的纠纷而诉诸法律的案例经常发生。一旦企业存在某种污染已对其他有关各方造成危害，将来有可能发生赔付或治理义务时，企业应比照类似案例及早计提预计费用。如果企业对环境污染的赔付和治理已经由法院判决，那么企业将作为一项费用来确认。

二 企业环境成本内部化计量方法的特征比较

企业环境成本计量的方法很多，各种方法有其本身的特征，其适用类型和范围也有差异，李春辉（2009）对一些主要计量方法的特征进行了总结，见表4-8。

表4-8　一些主要计量方法的特征

评估方法	适用范围	基本假设	特征
历史成本法	已经接到通知的排污费、罚款、赔付；已完工的环境投资	已经明确发生的环境成本支出	实际成本或交易价格
生产力变化法	农作物损失；渔业损失	生产力变化能够对供给曲线产生影响	供给曲线改变对市场价格和产量的影响
人力资本法	生命价值	生命价值可以用收入损失衡量	生命期望和收入损失
内涵资产价值法	噪声污染；市区空气质量	房屋市场是完全竞争市场	内涵价值函数
旅行费用法	户外旅游地；生物保护	旅游者的 WTP 可以通过旅游支出反映出来	到访率和旅游花费
防护支出法	空气污染	水污染环境服务功能具有完全替代	预防性行为支出
意愿价值评估法	旅游地的情感使用价值；观赏、休憩型水环境价值	调查中的 WTP（损害回避愿意支付额）的表达能够反映实际的经济价值	通过调查获得有意义的 WTP

在实际计量方法选择时，可以按照损失的性质不同，将环境影响分为生产力影响、健康影响、舒适性影响和存在价值影响四大类，并根据其特点选择相应的评估方法。

当环境变化对生产力产生影响时，应用生产力变化法，因为该方法能够对因环境变化而导致的物理影响（如酸雨造成的农作物减产）赋予一个市场价格。如果因为这些物理影响而采用一些防护性措施时，也可以采用防护支出法、机会成本法及重置成本法。

对于健康影响而言，由于人力资本法是基于收入减少及直接的医疗费进行估算的，其数值是环境质量变化价值的最低限值。防护行为和防护支出也可以用来评估健康影响。目前，越来越多的健康影响研究采用意愿价值评估法，用于度量人们对避免或者减少风险及经济损失的支付意愿，以及人们对生命价值的认同。

对于舒适性的影响，旅行费用法和内涵资产价值法是分别基于到达某地的旅行费用和因环境原因造成资产价值差别来进行评估，意愿价值评估法也可以用于分析人们对舒适性的偏好。意愿价值评估法是唯一能够揭示环境资源存在价值的方法。

成果参照法由于是间接的评估方法，它适用于所有类型的环境损失价值评估。

环境成本评估方法的选择如表4-9所示。

表4-9　环境成本计量方法选择

环境影响类型		计量方法选择
生产力影响	生产力变化法 防护支出法 机会成本法 重置成本法	成果参照法（适用任何类型）
健康影响	人力资本法 防护支出法 意愿价值评估法	
舒适性影响	旅行费用法 内涵资产价值法 意愿价值评估法	
存在价值影响	意愿价值评估法	

综上所述，在资源价值与环境损失价值计量方法选择时，可以根据具体环境成本项目的特性选择适当的计量方法。同时，还应考虑以下两方面的因素：①评估信息是否可获得。选择环境成本计量方法时，还应充分考虑信息的可获

得性。对于可交易的物品和服务，数据比较容易获得，可以采用直接市场价值评价法。对于缺乏市场或市场发育不完全的物品和服务，尽管也可以采用市场评价法，但需要进行必要的调查以获得评估所必需的数据。对于不在市场上交易的物品或服务，或者是直接信息非常缺乏，应采用意愿调查价值评估法。②经费和时间是否有约束。选择环境成本计量方法还要考虑到经费和时间的约束。当资金和时间有限时，可选择一些比较简单的评估方法，或者直接采用成果参照法。当资金和时间比较宽裕时，可以采用一些复杂的方法，如意愿调查法、旅行费用法和内涵资产定价法等。

因此，在环境成本计量中，应综合考虑多种因素，选择合适的计量方法，基本要求是：在保障计量方法可实施性的基础上尽量提高计量结果的准确性。许磊（2004）对环境成本计量方法的优缺点进行了总结，如表4-10所示。

表4-10　环境成本计量方法优缺点的比较

计量方法		优点	缺点
直接市场法	人力资本法	如果决策者能够提供人们生命价值的最低估计值，并说明它的伦理观点，那么这个方法还能够站得住脚	（1）不符合社会伦理道德 （2）并不是一种真正的效益度量方法 （3）忽略了概率分析
	机会成本法	（1）简便可行 （2）可以促使政府决策的科学化和正确化	不准确，对影子价格、机会成本的衡量往往难以把握
	生产率下降法	在定性分析与定量分析中找到了一个简单的平衡点	如果环境质量变动影响到的商品是在市场机制不够完善的条件下销售的，那么就需对市场价格进行调整，甚至用影子价格来取代市场价格
替代市场法	资产价值法	一般根据该种方法来研究噪声环境、大气污染及水体景观对资产价值的影响	所涉及的支付意愿是一种隐含的个人支付意愿，它只能从有关资产（如房产）交易市场中得到间接或隐含的体现
	工资差额法	应用实际劳动力市场计算环境改善带来的效益	在理论和实践方面都存在着许多困难： （1）在多数情况下，环境质量的隐含价格远远低于职业健康风险的隐含价格 （2）完全竞争的劳动力市场在发达国家也不尽存在
	旅行费用法	从侧面来衡量，计量方法较为简单	受人们的心理状态的影响较大
	后果阻止法	绕开繁杂的污染分析，可以直接得出结果	结果受到社会经济发展程度、物价水平、工业化水平、资源状况的影响

企业环境成本控制的会计机制

作为企业内部控制的代表，环境会计控制的提出并非偶然，在企业的内部机制中，会计控制理应是最优的选择。郭道扬（1989）认为，"会计是人类为实现对社会经济的控制所进行的一项基本活动"。会计控制较之科技控制和其他经济控制具有先天的优势。现代会计对社会经济活动过程的控制是系统的、全方位的，它把传统会计的被动控制转化为主动控制，把单向式控制改变为多向式控制，从而把事前控制、事中控制与事后控制连接为一个整体，以有效地发挥整体控制功能。

第一节　企业环境成本会计控制的理论基础

一　企业环境成本会计控制的基本思想

美国执业会计师协会所属的审计程序委员会在1963年发布的审计程序第33号文件中对会计控制的定义是：会计控制包括组织的计划和与保护该组织的财产、保证财产记录的可信性有直接关系的所有协调方法与步骤，通常指授权和批准制度。1973年"审计标准文件第一号"中重新定义为：会计控制包括"组织的计划及保护该组织的财产和保证财务记录的可信性有关的程序和记录"。组织的计划在于确保经济业务的实施都能得到管理部门的批准；经济业务都得到完善的记录，其目的是保证能够根据公认的会计原则和其他有关规定来编制财务会计报表，未经管理部门批准，任何人不得随意接近组织的财产，以保证财产的安全和完善；有关的程序则主要指账面记录和实物每隔一段适当的时期应相互核对，并对差异进行合理的处理（姚圣，2009）。

我国著名会计学家杨时展教授通过对会计进行历史性的考察，在详细分析现代会计环境及未来经济发展的基础上形成了系统化的"会计控制论"。该理论认为，自古以来，会计最根本的目的在于控制企业的经济活动，以完成企业对各种受托人的受托责任。总体来看，会计控制具有三个特点：一是会计控制是内部控制的一部分。二是会计控制是为了确保财产的安全与完善。实施会计控制的目的就是保护企业所有财产的安全，不会出现遗失、非法盗取和藏匿等情况。三是会计控制是为了财务信息的准确可靠。通过会计控制确保每项业务真实地被记录、确认和入账，并正确地反映在会计报表上。因此，早期的会计控制概念还是被限制在一个较小的范围内，注重的是企业的所有财产，把财产的安全和信息的准确可靠作为会计控制的目标（姚圣，2009）。

郭道扬（2008）在《会计史研究》（第三卷）中对环境会计控制有详尽阐述，他认为："无论是全球性经济控制，还是全球性生态环境控制，如果没有会计从基础层次具有针对性、切实性地发挥作用，人类在宏观上的控制意图和在宏观上建立起来的一系列理论必然落空，所谓维护与保障人类的产权、人权与人类的可生存、可持续发展之权也只不过是一句空话而已。"可见，会计控制在保障人类生存权利与保证人类的可持续发展方面发挥重要作用是历史的必然，因此，提出"环境会计控制"这个概念，以及以此为中心建立起相应的理论体系是为更好地完成这个历史使命而必须解决的问题。在对会计控制发展的历史趋势进行总结的基础上，将环境会计控制定义为：以保障人类生存权为主要目标，利用会计手段、会计思想与其他相关控制手段对企业的环境行为进行全面管理和控制，以期达到持续改进的微观与宏观的环境控制目的。

环境会计控制不仅包括如何进行会计确认、计量、记录，以及如何编制报告等传统会计控制手段，还包括现代控制方法，如物质流控制方法等；另外，还将其他系统工程类方法融入到会计控制方法当中，如数据包络分析、系统动力学方法等。

会计控制理论的基本思想是，现代会计是一种以认定受托责任为目的，以决策为手段，对一个实体的经济事项按公认会计原则与标准，进行分类、记录、汇总、传达的控制系统；会计控制包括三个基本层次，即组织制度控制、电子计算机控制与经营循环控制，具体包括14个控制环节；会计系统可以划分为反映系统和控制系统，其中，反映系统包括信息输入、信息确认、制证、计量、记录、归类、组合、测试、编报、储存及信息输出等环节，控制系统又可分为经营循环控制分支系统和决策过程控制分支系统。

实践证明，会计控制具有先天优势，因为会计控制有日常性的数据作为控制依据，并且会计和企业所发生的业务紧密相连，具有基础性的控制作用。进行环境成本控制是会计控制的新对象，能够将会计控制的基础性应用到环境控制中，使其更具有日常性和彻底性。会计控制现在被人们普遍接受的职能分别是"反映"与"控制"，实际上，无论是对经济活动进行分析、预测、规划，抑或是对经济活动进行决策、检查、控制，以及制度的制定等都可以归集为管理职能的履行，而会计控制则是管理职能中的一个重要的基础性职能，主要表现在以下几个方面。

第一，会计控制是经济控制在企业内部的延伸。经济控制是典型的企业外部环境控制手段，主要从成本收益方面来促使企业进行环境控制，其重点在于企业生产的投入与产出方面。但是，作为外部控制手段，经济控制的实施者并不考核企业的环境业绩，因而导致了经济控制不能持久地深入到企业内部，无法调动企业主动进行环境控制的积极性。而会计控制则是企业内部环境控制的代表，不仅注重投入产出的控制，同时还将生产流程作为反映与监督的主要对象，并辅以环境业绩的计量与披露，可以将内部环境控制行为与业绩进行详细记录并反映出来。通过设置与考核环境会计控制的业绩指标，使得经济控制通过会计控制传递到企业内部，获得良好的环境控制效果。

第二，会计控制是技术控制的衡量与激励措施。技术控制作为最初和最具实效的环境控制手段，在环境问题出现之初起到十分显著的作用。一般说来，技术控制重点在于两个部分，一部分是原材料的选用，另一部分是末端治理。在原材料和能源的选用上，技术控制力求选用清洁能源与材料，尽量切断污染的源头；而在"末端治理"中，采用净化设备最大限度地减少企业向社会排放的污染物。总而言之，技术控制的核心就是清洁生产，但需要注意的是，清洁生产如不顾企业的环境业绩与财务业绩则无法得到有效应用。因此，环境会计控制机制的建立，可以有效地衡量清洁生产的业绩，并为技术控制提供激励措施。

二 企业环境会计控制机理 (environmental accounting control mechanism)

(一) 企业环境控制机理

企业是微观层面上环境控制的主体，企业为达到环境标准，妥善可靠地处理好废物，使废物在数量、毒性上都能达标排放，必须运用现代环境科学和管理学理论制定出内部的环境管理规章制度，对企业的生产过程、工人的劳动条件及其产生的废物进行管理，并且形成"原料—生产—运输—消费—废物利用"全过程的管理体系。以企业为中心的环境控制是建立在企业自愿进行环境控制基础上的，由于诸如福特、通用、本田等一些知名大公司采用自我环境控制并取得良好的效果（包括财务业绩及资本市场表现），因此，越来越多的企业加入到环境自我控制行业中，建立了环境控制体系，其中最为著名的是环境管理系统 (environmental management system, EMS) 和 ISO14001（国际标准组织 14001 认证）。

EMS 的内容包括环境政策的制定、计划、实施及环境政策的评价。从认证角度来看，EMS 中最具代表的是 ISO14001 认证和欧洲环境管理与审计计划 (EMAS)，这两个标准在汽车行业应用最为广泛。实施 ISO14001 标准一直是内部环境控制的一个主要手段，建立的步骤一般包括领导决策与准备、初始环境评审、体系策划与设计、体系文献编制、体系运行、内部审核及管理评价等六个阶段。

通过 ISO14001 认证，意味着该企业有一套符合环境要求的绿色管理体系，在污染预防方面具有较为严格的保障措施；通过环境标志认证，则证明该企业生产的产品具有质量优、环境行为优的双优特性，在产品设计、生产、使用到废弃的整个过程中对环境和人体健康的损害降到最小，提升了产品的市场竞争力。因此，ISO14001 为污染预防和可持续性提供了一个基本标准，环境管理体系的运行和 PDCA 的循环，可实现环境管理的持续改进。但国内目前还没有相关的经验研究，从规范性推理看，以 ISO14001 为代表的 EMS 在环境技术管理方面有着巨大的优势，特别是在采用清洁技术，降低能源消耗和减少污染排放方面进行持续改进体现出了一定的实务前瞻性，对企业内部环境控制起到一定的推动作用。但 EMS 仍然有局限性：首先，不具有约束力。EMS 处于自愿采用的基础之上，如果企业想提高公司形象或者提高产品的竞争力，那么参与 EMS 的认证是有必要的。另外，不具有约束力往往导致企业在运行 EMS 时产生惰性，能够通过认证即可，不能有效实施该环境管理体系。其次，没有涉及企业环境控制的最为本质的东西。无论是 ISO14001 还是 EMS 都没有涉及环境的财务问题，而财务问题恰恰才是企业环境控制的最核心问题，因此，这样的环境管理体系是治标而不治本的。最后，和政府控制匹配性问题。虽然 EMS 和政府环境控制的总目标是一致的，但由于 EMS 设计具有一定的独立性，与政府环境控制措施往往不协调，容易产生总体控制效果不佳的情况。

（二）环境成本会计控制机理

从实践情况来看，姚圣（2009）认为环境成本会计控制可以进一步改善 EMS 的弊端。首先，通过环境成本会计控制可以有效地记录企业环境控制行为，并反映在报表当中。其次，环境成本会计控制能够解决业绩限制问题。环境成本会计控制通过对环境成本与环境业绩的设计，能够使企业在环境业绩与财务业绩之间进行权衡，从而有效解决受限于财务业绩的问题。最后，环境成本会计控制可将政府环境控制有效协调起来。通过环境成本会计控制的设计，将与政府环境控制的有效联系充分考虑进去，形成政府控制考核企业的生态权益，企业保证生态权益保值增值的控制格局。

现代会计控制的核心是财务业绩，财务业绩对会计控制具有导向性作用。无论是以单一指标还是以综合指标作为衡量企业的财务业绩，都会为企业的经营者提供可以参照的重要决策依据。经营者的任何决策都会指向最终财务指标，财务业绩也是经营者事后控制的重要参照作用。现代会计体系还无法将环境业务完全反映在企业的财务业绩上，特别是环境成本的反映不足，导致企业财务业绩虚高，使得企业经营者往往据此作出不利于环境质量提高的决策。因此，环境业绩必须成为企业经营者需要重点考虑的指标之一，特别是在"生存权"思想的指导下，结合生态权益，构建出适合于现代企业的环境业绩指标。但是，限于现有会计技术的不足，对环境业绩需要进行一定的折中规定。

第一，环境业绩单独计量，与财务业绩并行。环境业绩计量从准确度上还无法和财务业绩相比，为了不影响财务业绩的质量，采用环境业绩单独计量和单独考核的方式。

第二，会计控制应体现与政府环境控制的协调性。会计控制的设计应对企业的成本减少具有一定的作用，而政府根据企业环境控制信息进行监管，监管成本要小于不具有环境控制信息情况下的成本。假设政府能够承受的最大成本为 C，所能接受的环境事件数量的最大值为 S，其中 $g_1(t)$ 代表日常性控制力度，$A(t)$ 代表环境会计控制力度。

在政府环境控制方面，在不具有企业环境控制信息的情况下，日常性控制的单位控制成本为 k_1，例外性控制每个环境事件的成本 k_2，那么政府环境成本为

$$C_{C0} = g_1(t)k_1 + \sum S_i k_2$$

$$\text{s. t. } k_2 > k_1, \ \sum S_i \leq S \tag{5-1}$$

在具有企业环境控制信息的情况下，环境事件不会发生，或者发生非常少，可以忽略不计。

$$C_{C1} = g_1[A(t)]k_3 \tag{5-2}$$

式中，k_3 是存在环境控制信息情况下的单位日常性控制成本。在环境控制信息存在的时候，应给政府提供良好的决策依据，在提高监管效率的基础上，其总成本还要比没有环境控制信息时要小，即 $C_{C1} < C_{C0} \leq C$，由此可得

$$g_1(t)k_1 + \sum S_i k_2 - g_1[A(t)]k_3 > 0$$

$$\text{s. t. } k_2 > k_1, \ \sum S_i \leq S \tag{5-3}$$

在企业环境控制方面，当企业没有建立起环境会计控制时，其成本为

$$C_{E0} = e[g_1(t)]v_1 + S_i v_2 \tag{5-4}$$

式中，v_1，v_2 分别是企业遵守政府日常性控制所付出的单位和处理环境事件的单位成本。当企业建立起环境会计控制时，其成本为

$$C_{E1} = e\{g_1[A(t)]\}v_1 + A(t)v_3 \tag{5-5}$$

采用环境会计控制，应对企业业绩具有促进作用，主要体现在企业前后成本的节约上，即 $C_{E1} < C_{E0}$，具体有

$$\Delta C = C_{E1} - C_{E0} = e\{g_1[A(t)]\}v_1 + A(t)v_3 - \{e[g_1(t)]v_1 + S_i v_2\} < 0 \tag{5-6}$$

根据 e 函数的性质，可得

$$\{g_1[A(t)] - g_1(t)\}v_1 + A(t)v_3 - S_iv_2 < 0 \qquad (5-7)$$

决定成本减少的因素有两个，一个是 $A(t)$ 的函数具体形式，也就是说，环境会计控制的具体形式决定了成本的减少；另一个取决于采用环境会计控制所付出的成本与发生环境事件处理成本之间的对比关系，是典型的成本效益原则。这两个因素中 $A(t)$ 起到至关重要的作用，除了要满足式（5-7）的条件，还要受到式（5-6）的约束。

第三，环境业绩指标计算要力求简单。目的是使使用者容易理解，对于企业经营者来说也能够清晰地分析哪些因素导致了环境业绩指标的变化，并针对这些变化提出相应的改进措施。

在日常资源控制的基础上，还需要定期进行环境成本会计控制信息的对外披露。环境成本会计信息对外披露的原因存在于两个方面，一方面，通过披露环境成本会计控制信息可以衡量企业管理层的"受托责任"，同时，迫于对外披露的压力，企业管理层可以将环境会计控制制度落到实处；另一方面，环境成本会计控制信息对外披露是泛利益相关者参与企业环境控制的重要途径。通过及时了解环境成本会计控制信息，泛利益相关者可以得到评价企业进行环境控制的业绩，进而采取相应的对策。

三 企业环境成本会计控制的预期效果

环境成本会计控制将以人为本的生存权作为研究的出发点，旨在解决合理化企业承担的环境成本，并建立起企业内部环境成本会计控制体系，与外部政府环境控制相协调，获得较好的环境控制效果。它旨在解决三个问题：第一，解决环境成本会计控制的目标问题。环境成本会计控制将保障泛利益相关者的生存权利作为环境成本会计控制的主要目标，并通过一定的制度安排将一个地区的环境服务价值分配给具体工业企业形成"生态权益"的初始额，企业需要通过有效环境控制行为来保证生态权益的保值增值，这样才能够保障泛利益相关者的生存权利不受到伤害。第二，解决环境成本会计控制内容问题。为了保证生态权益的保值与增值，企业应对环境成本与资源损失进行重点控制。其中，环境成本的控制分两步进行，首先对企业所承担的环境成本进行合理化分配，将与资源损失相关的成本纳入环境成本的计算范畴。然后，通过对资源损失的核算与控制来最小化企业承担的环境成本。这样，通过对环境成本的分配与控制能够将企业环境破坏行为所产生的外部成本内部化，这样可以有效解决企业进行环境控制行为的动力问题。第三，解决环境成本会计控制的信息披露问题。通过对资源平衡表、生态损益表与物质平衡表的设计，建立独立的会计报告体系来进行环境成本会计控制信息的披露，以便与环境成本会计控制手段相配合，提高控制的效果。

环境成本会计控制是否能够达到预期的效果主要取决于是否解决以下问题：一是环境成本会计控制的目标是什么？二是如何进行控制？三是如何对控制信息进行披露？四是如何实现与政府环境控制相配合？解决这些问题的前提条件是：一是明确环境成本会计控制主体。环境成本会计控制主体分为两个层次，从宏观层次看，其控制主体为政府，这与其他控制手段的控制主体是一致的；从微观层次看，环境成本会计控制主体是企业，企业是环境成本会计控制的直接微观主体。二是明确环境成本会计控制的对象。环境成本会计控制的对象是企业以会计活动为主的一切与环境相关的活动，环境成本会计控制就是要通过会计手段来达到环境成本控制的目的，其控制对象的层次依次为：生态权益→环境成本→资源损失，最终的控制客体是资源损失。原因是生态权益是泛利益相关者的生存权保证，控制了生存权益也就保障了一个地区泛利益相关者的生存权，而保障生存权益保值增值的主要途径在于环境成本的控制，特别是有关环境损失的控制。也就是说，通过环境成本会计控制手段有效地控制资源投入效率、资源使用效率与资源产出效率，这样可以减少企业资源的损失，进而减少企业对生态环境的破坏。三是明确环境成本会计控制的目标。基于微观目标，环境成本会计控制的目标分为三个层次，第一层次是实现生态权益的保值增值，即保障泛利益相关者的生存权；第二层次是最小化企业的环境成本；第三层次是最小化企业的资源损失。这三者的目标从本质上说是一致的，但控制对象逐层更加具体，可操作性增强。

第二节　企业环境成本会计控制程序

一　企业环境成本的归集

（一）企业环境成本的分类

分类的目的是根据不同的环境费用发生的动因计算环境成本，即针对不同的环境成本核算对象，对已发生的环境成本鉴别直接费用与间接费用，并加以分配归集，这是环境成本会计核算中的主要难题。

从环境费用的可追溯性上看，可以分为以下几类：第一，很确切属于直接费用，即费用发生动因清楚。例如，某种产品生产过程中排污量超标引发的环境费用；又如，某种产品生产过程增加的环境保护设备投资。第二，在很大程度上属于直接费用，但不很确切，即若干种费用发生动因有所交错。例如，某种材料使用若干种产品生产，在该种材料加工阶段发生的环境费用，就具有这种特点。第三，在很大程度上属于间接费用，但也与直接生产有关，如仓库等建筑物改建工程引致的环境费用。第四，很确切属于间接费用。

上述四种情况，会计处理中第一和第四很明确，第二和第三则比较复杂。特别是在环境费用金额比较大时，如何进行处理，直接影响到企业财务业绩和内部责任业绩评估。这时应需要解决的问题是：什么时候发生的费用？与哪些产品或设备有关？有没有相关的生产作业记录？解决这些问题最重要的是建立健全企业的成本会计基础工作，特别是各种基本记录。有了完整详细的工作记录，对成本费用的追踪、计量及分配归集才会有根据。

(二) 企业环境成本的确认方法

1. 环境成本的确认

判断各种成本是否属于环境成本，主要依据成本支出的目的，必要时也可依据成本支出的收益进行补充判断。如果依据成本支出收益，那么即使某项成本的支出目的不是直接为了环境保护，但只要其支出的结果产生了环境保护收益，这个成本就可以判断为环境保护成本。这是因为环境成本归集的基本原则是只归集纯粹为环境保护而支出的成本。

在实际应用时，一方面，按照依据成本支出的收益进行判断的规定，从环境保护收益产生之时起，才可以把该项成本支出确认为环境保护成本，这样的不足是环境保护成本的确认时间比按支出目确认的时间要晚。另一方面，依据支出目的来判断环境保护成本，虽然能够在支出发生时就对环境保护成本进行确认，但是，实际上也不能保证环境保护收益一定能够产生，这样就可能出现成本支出目的和收益的产生相互不对应的情况。

2. 环境成本的归集方法

环境保护成本的归集方法应按以下原则选择，首先，如果能够直接确认为环境保护成本，就可以直接进行归集；其次，环境保护目的以外的成本支出及与普通的成本支出混合在一起的复合成本，应采用以下方法分别进行确认和归集，并应明示实际采用的归集方法及其理由：①差额归集。按照扣除其他目的的成本后的差额，或者扣除普通成本后的差额进行归集。②分配归集。按照合理的方法对复合成本按支出目的进行分配，再对相应部分进行归集。③简便归集。首先确定如25%、50%、75%等分配比例，然后对各个复合成本选择最适当的比例进行归集。④特殊的全额归集。如果成本中没有包含重要的环境保护成本，难以分离和确认其中的环境保护成本。在这种情况下，对复合成本应进行全额归集，并加以说明。

对于难以进行直接归集或差额归集的环境保护成本，如人员费及折旧费，可按照以下方法进行归集：①人员费的归集。第一，考虑实际职务内容和环境保护的关系；第二，对于兼职人员，可以按对一定期间劳动时间的分配比例进行推算的方法进行归集；第三，如果能够对人员费进行分配，就尽可能按照具体的分类进行分配。②折旧费的归集。第一，确定环境保护投资的起点时间，对环境保护投资与环境保护目的以外的投资折旧费的差额中与当期效果有关的部分，从投资的起点时间倒推进行归集；第二，在进行倒推归集有困难的情况下，按照与今后的环境保护目的有关的设备投资折旧费进行归集。

(三) 企业环境成本分配——作业成本法

环境成本确定之后，必须进行成本分配。成本分配的主要目的在于为管理当局提供对决策有用的信息，并促使其利用相关信息激励组织成员采取有利于环境的行为。然而，在传统的会计领域里，环境成本通常归集在制造费用中，并采用某种简单的分配标准，如直接人工、机器工时等将其分配到不同的产品或过程中。成本的发生与费用分配标准之间缺乏直接的因果关系，往往导致成本信息的扭曲，并导致企业采取错误的决策。作业成本计算法是管理会计中采用的按作业对成本进行归集并将成本分配到有关的产品或流程上的方法，应用作业成本法对环境成本进行分配，能更好地使环境成本与产生这些成本的作业相联系，有助于企业采取减少环境污染的决策。

应用作业成本计算必须考虑几个因素。首先，环境成本既要考虑内部成本，包括传统的成本、隐藏的成本和或有成本，也要考虑外部形象与关系成本；其次，在确定了哪些项目作为环境成本后，要对造成这些成本的作业进行分析，以确定适当的成本动因。例如，排污费可能和排放量、排放的有毒物含量、排放物的增量、处理不同排放物的成本等有关，选择时主要考虑因果关系，并将环境作业分为增值和不增值的作业，并分析其对环境的影响。

二 企业环境成本会计核算的基本框架——以制造型为例

为了达到企业经济效益与环境效益共赢的目标，从生态效率的角度出发，制造型企业应关注产品的生命周期，严格管理产生环境成本的动因，使制造型企业的环境成本核算更能够真实反映环境成本的信息。

(一) 基于生命周期成本法的制造型企业环境成本的内容

1. 制造型企业产品设计开发阶段的环境成本计量

制造型企业产品设计开发阶段的环境成本计量如表5-1所示。

表5-1　制造型企业产品设计开发阶段的环境成本计量

阶段	环境成本		计量法方法	参量	计量结果
设计开发阶段	环境事业费	研究支出	全额计量法		
总计					

注：环境成本计量的选择方法参见本书"企业环境成本核算基本理论"部分，表5-2～表5-6同

2. 制造型企业获取原材料阶段的环境成本计量

制造型企业获取原材料阶段的环境成本计量如表5-2所示。

表5-2　制造型企业获取原材料阶段的环境成本计量

阶段	环境成本内容		计量方法	参量	计量结果
原材料获取	环境资源耗减成本	自然资源耗减费用	市场估价法		
	环境损害成本	人体健康损失	意愿估价法		
		运输过程中大气污染损失	生产率变动法		
总计					

3. 制造型企业材料加工与产品生产阶段的环境成本计量

制造型企业材料加工与产品生产阶段的环境成本计量如表5-3所示。

表5-3　制造型企业材料加工与产品生产阶段的环境成本计量

阶段	环境成本内容		计量方法	参量	计量结果
材料加工与产品生产阶段	环境治理费用	废水处理	历史成本法		
		废气处理	历史成本法		
		固体废弃物处理	历史成本法		
	环境补偿费用	废水超标排污费	历史成本法		
		废气超标排污费	历史成本法		
		固体废弃物超标排污费	历史成本法		
	环保事业费用	环保培训费	历史成本法		
		环境负荷检测	历史成本法		
		环境管理体系支出	全额计量法		
	环境发展费用	企业绿化费	历史成本法		
		环境卫生费	历史成本法		
	环境预防费用	固定资产改造支出	全额计量法		
总计					

4. 制造型企业产品销售、使用阶段的环境成本计量

制造型企业产品销售、使用阶段的环境成本计量如表5-4所示。

表5-4　制造型企业产品销售、使用阶段的环境成本计量

阶段	环境成本内容		计量方法	参量	计量结果
产品销售 使用阶段	环境预防费用	环保包装材料支出	差额计量法		
	环境损害成本	运输过程中的环境污染支出	生产率变动法		
	环境治理费用	消费过程中污染治理支出	机会成本法		
总计					

5. 制造型企业废弃产品回收再利用阶段的环境成本计量

制造型企业废弃产品回收再利用阶段的环境成本计量如表5-5所示。

表5-5　制造型企业废弃产品回收再利用阶段的环境成本计量

阶段	环境成本内容		计量方法	参量	计量结果
回收 再利用	环保事业费用	再生循环项目投资	全额计量法		
	环境治理费用	废品处置加工支出	历史成本法		
总计					

6. 制造型企业产品废弃阶段的环境成本计量

制造型企业产品废弃阶段的环境成本计量如表5-6所示。

表5-6　制造型企业产品废弃阶段的环境成本计量

阶段	环境成本内容		计量方法	参量	计量结果
废弃阶段	环境治理费用	废弃物焚烧、填埋支出	历史成本法		
总计					

(二) 制造型企业环境成本账户设置及会计处理

本书将环境成本分为三类，因此对环境成本设置了"环境保护成本""环境损害成本"和"环境资源消耗成本"三个账户，并结合产品生命周期阶段，设置了以下环境成本的明细账户且进行了相应的会计处理。

1. 制造型企业产品设计开发阶段环境成本的会计处理

"环境事业费"账户。核算在这个阶段企业尽量减少对环境影响的研究支出。例如，在发生研究人员的工资支付、供研究开发用的仪器、设备和物质资料等支出时，借方可计入"管理费用—环境事业费"，贷方可计入"应付研究人

员工资"银行存款"等。

2. 制造型企业获取原材料阶段环境成本的会计处理

为了保证"环境资产"账户能反映某一会计主体所拥有的环境资产，应设置"环境资产累计折耗"账户，反映耗用自然资源而减少储量的货币表现。因此，可以按照存量的方法进行自然资源耗减费用的核算，其耗减费用就相当于生产成本中的"原材料或直接材料"，其确认与计量均可参照"原材料"科目进行。在会计处理时可以将耗减费用作为一个成本项目列入资源产品成本中去。

"环境损害成本"账户。核算在材料运输过程中对空气、水和生存环境质量造成一定影响的支出。发生时，借方可计入"环境损害成本"，由于这部分成本较难计量，可以将一般企业尚未支付的成本作为"应付科目"进行计量。当企业确实支付后再对其进行调整。

3. 制造型企业材料加工和产品生产阶段环境成本的会计处理

"环境治理费用"账户。核算企业自行处理"三废"费用，如辅助车间的污水处理成本，废气、废烟的过滤处理。处理过程中发生成本费用时，借方计入"环境保护成本—环境治理费用"，贷方计入"银行存款"。月末结转至生产成本，按照各车间的污染排放量进行分摊。

同时，企业在运行环保设备时计提折旧，应该将其作为费用化的环境成本进行核算，借方计入"环境治理费用"，贷方计入"累计折旧"科目。对于预防将来环境支出，应按其可能性进行数额的估计，作为"或有环境负债"进行核算。按估计的金额进行预提，借方计入"管理费用—环境治理费"或"营业外支出"，贷方计入"应付环境费用"。发生时再进行冲减。

"环境补偿费用"账户。该科目核算企业直接排放废水、废气等有害物质或超标热量、噪声等。第一，当生产量与排污量成正比或近似正比，环境污染成本计入产品制造成本，借方计入"环境保护成本—环境补偿费用"，贷方计入"应付污染费"。第二，当生产量与排污量不成正比，如果明确废水、废气是由于生产产品引起的，但排污量小，不易确定具体排污主体或者排污发生在产品固定成本之内时，应将其纳入"制造费用—环境补偿费用"科目。第三，对于固体废弃物污染费，如工业废渣、工程渣土和经营性垃圾，如果能分清是出自何种产品、工程产生，就直接计入"产品成本"；凡是不易确定负担费用对象的，则可计入"制造费用"或"管理费用"。第四，对于企业的生活废弃物，如食品、纸张、塑料、金属、玻璃等有害性较低，无须考虑时间与人数，只要按实有垃圾数量收费，直接计入"管理费用"即可。

"环境发展费用"账户。主要核算征收的绿化费和企业为改善厂区环境进行植树、净化空气等方面的开支，应由各产品或车间承担，所以发生时通过合理成本动因进行分配，借方可计入"环境保护成本—环境发展费"，贷方可计入

"银行存款"。

"环保事业费用"账户。由于该项费用是属于环境保护的相关成本，应计入企业的制造费用，按照职工人数等成本动因分摊至各个产品中，期末结转至产品成本。

"环境预防费用"账户。主要采用重置成本法对在购置环保固定资产、环保技术等无形资产时的支出计量。具体的入账、后续处理都可以参考"固定资产"和"无形资产"的会计计量。

"环境损害成本"账户。发生时，借方计入"环境损害成本"，由于这部分成本较难计量，一般是企业尚未支付的成本，可以将其作为"应付项目"进行计量。当企业确实支付后再将对其进行调整。

以上主要是针对在原材料获取到材料加工、产品制造这个过程中，环境成本明细账户主要的核算内容。根据可追溯的对象，这些环境成本基本上要计入产品的"生产成本"中。

4. 制造型企业产品销售和使用阶段环境成本的会计处理

"环境预防费"账户。这个阶段主要核算采用环保材料制造新型包装或防止污染对包装进行改造的支出，发生时，借方可计入"营业费用—环境预防费"，贷方可计入"银行存款"。

5. 制造型企业废弃产品回收再利用阶段环境成本的会计处理

"环境事业费"账户。主要研究开发废弃产品的再利用支出及在对其进行研究过程中发生的管理费用，如管理人员的工资等。发生时，借方计入"管理费用—环境事业费"，贷方计入"应付工资"等。

"环境治理费"账户。主要是对废弃产品的回收、翻新、修复、再生产使用等方面所发生的支出。发生时，借方计入"管理费用—环境治理费"，贷方计入"银行存款"。

6. 制造型企业产品废弃阶段的环境成本会计处理

"环境损害成本"账户。核算在废品堆放中对空气、土壤、水和生存环境质量造成一定影响的支出。发生时，借方可计入"环境损害成本"。由于这部分成本较难计量，一般是企业尚未支付的成本，可以将其作为"应付项目"进行计量。当企业确实支付后再将对其进行调整。

"环境治理费用"账户。主要核算对废弃物的填埋、焚烧支出。发生时，借方可计入"管理费用—环境治理费"，贷方可计入"银行存款"。

此外，还应设置"环境准备金"科目，可以按照企业内部章程及税务法规的相关规定，根据税后利润提取准备金，可算作对将来环境成本的支出和预支，相当于企业提取的公积金、公益金的性质，体现企业丧失的机会成本，以及企业因环境破坏后对周边环境造成污染被要求的赔偿等。该账户计提准备金时，借方计入"本年利润"类账户（利润分配），贷方计入"环境准备金"账户。

在以上分析的基础上，对于应计入本期产品成本的费用还应在各种产品之间进行划分，凡是能分清应由某种产品负担的直接成本，应直接计入该产品成本。对于属于损益类的环境成本，借方登记当期企业发生的环境成本的支出及分配计入本期的环境成本，反映企业本期实际发生的环境成本，期末，该科目借方累计数全部从其贷方转入本年利润会计科目的借方，结转后余额为 0。

（三）制造型企业环境成本的计算过程

1. 按照作业成本法设置作业库，确定成本动因

表 5-7 列出了与处理废物作业有关的环境成本和作业动因。

表 5-7　环境成本与成本动因示例

作业	环境成本	环境成本与作业关系
产生污染性废物	获得排放许可证的费用	单位废物中有害物质的含量
	对废物进行检查和监测费用	每个工厂的废物数量
	向环保部门报告的成本	单位废物中有害物质的含量
	填表和记录的成本	单位废物中有害物质的含量
	员工培训费用	接受培训的员工数量
	处置废物前的存储成本	单位废物中有害物质的含量
	污染性废物运输和处理费用	废物量
	紧急应变措施的成本	产生废物的流程数量

2. 基于作业成本法的企业环境成本的计算过程

根据作业成本法"成本对象消耗作业，作业消耗资源"的指导思想，把直接成本和间接成本（包括间接费用）作为产品（服务）消耗作业的成本同等地对待。作业成本法中作业是成本计算的核心和基本对象，产品成本或服务成本是全部作业的成本总和，是实际耗用企业资源成本的终结，如图 5-1 所示。

在环境成本计量过程图中，①原材料获取阶段，自然资源损失作业成本，按照消耗材料数量，形成环境资源耗减成本；环境污染损失作业成本，按有害物质排放量，形成环境损害成本。②原料加工、产品生产阶段，大气污染、废水废物污染按照有毒气体物质含量，形成环境治理费用；环境绿化作业成本按绿化场地面积，形成环境发展费用。①和②两阶段形成的环境成本按照形成的成本动因，分配至各作业，形成不同的作业成本库，计入产品成本。③使用阶段，包装生产作业成本，按照环保材料使用量，形成环境预防成本。④再利用和废弃阶段，环保项目投资、资源再利用和废弃物焚烧，按照项目数量和废弃物数量，分别归集到环境事业费用和环境治理成本。③和④两阶段形成的环境

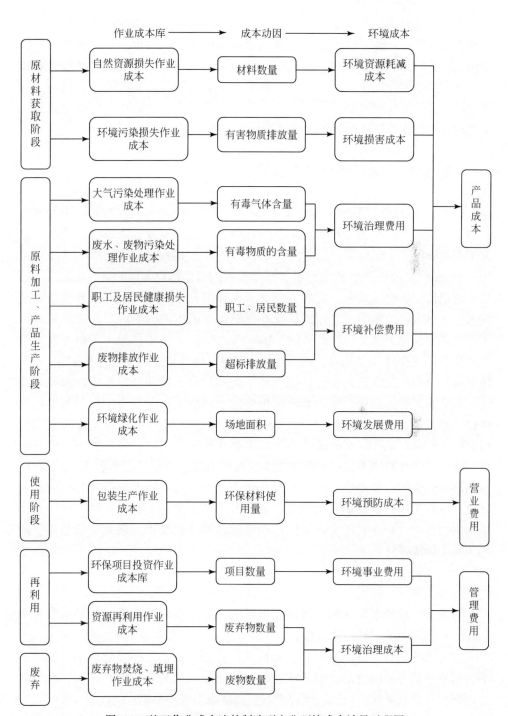

图 5-1 基于作业成本法的制造型企业环境成本计量过程图

成本是在产品形成后发生的，因此，这些成本不归集到产品成本中，而是计入到相关期间费用，即"营业费用"和"管理费用"中。在以上计算过程中，还应该注意在归集环境成本时，要选取正确的成本动因，计算各种产品的作业成本库的成本动因分配率，为之后将环境成本正确地归集到相应的产品成本中找到合适、有效的控制环境成本的方法。通过上述分析，企业将会更容易发现产生环境成本的作业，进而找到降低环境成本的方法。

三 企业环境成本信息的披露

环境信息披露问题是在 1989 年 3 月召开的国际会计和报告准则政府间专家工作组第七次会议上首次提出并展开讨论的。其后，西方国家进行了大量的研究工作并取得了一定成果。具有代表性的是 1992 年德福·欧文出版的《绿色报告》（Green Reporting），该书汇集了众多学者在绿色报告方面的研究成果，从西欧绿色报告的历史、未来、发展方向和绿色意识四个方面阐述了信息使用者的需求、绿色报告的内容、作用，以及绿色报告系统构建，为后续的绿色报告基本框架研究奠定了重要的理论基础。1996 年，罗博·格雷教授与德福·欧文等学者合著了《会计与受托责任：公司社会报告与环境报告的变化与挑战》一书，该书从公司的受托责任角度，系统阐述了公司社会报告与环境报告的原理与理论，为全面了解公司社会报告和环境报告的发展历史和开展进一步的理论研究提供了宝贵的文献资料。1998 年，联合国国际会计和报告标准政府间专家组（IASR）在第十五届会议上通过的《环境会计和报告的立场公告》中，将环境信息披露的内容归纳为：一是环境成本方面的信息；二是环境负债方面的信息，包括环境负债的计量基础；三是会计政策方面的信息，主要披露与环境负债和环境成本有关的计量和确认的政策；四是其他需要披露的信息，主要有：对环境损害的说明、企业对环境损害作出赔偿依据的法规要求及按照环境法进行的任何重大活动等。

（一）企业环境成本信息的披露方法

对企业环境成本信息的披露基本上延续了财务会计的传统，主要采取文字叙述、表格和图形三种基本方法。

（1）文字叙述。这是最基本和最简单的方法，也是披露环境成本首选的方法，但不是最主要的方法，因为按这种方法使企业之间难以进行比较，而且由于信息没有经过量化，因此，所提供的信息客观上极不准确。

（2）表格。表格是最为主要的信息披露的方法。通过表格人们可以看到非常具体和准确的数字，从而使信息的质量得到极大的提高，因此表格已经且将来也仍然是信息披露中最主要的方法。由于在现行财务会计中使用的表格具有一个重要特征，即所填写的项目大都是货币指标，而且这些指标在历史成本原则的约束下也具有很强的客观性和可验证性，因此，企业在披露环境成本信息时，表格中所反映的指标不仅包括货币指标，还应包括非货币指标和经济技术混合指标，这些指标从形式上看应包括绝对指标和相对指标。

（3）图形。由于图形所提供的信息非常形象，并极易让读者看到发展趋势，因此在环境成本信息披露时，可以在有关报告中列出，诸如反映企业某一段时间清理原有污染物、降低污染物排放量及排放污染物对企业的损害等的趋势图。

（二）企业环境成本信息的使用者

企业年报中的环境成本信息主要是针对股票持有者、政策规范者，以及环保团体及社会公众等外部使用者，还有企业员工和管理决策层等内部使用者。实际上，环境成本信息披露是通过发布客观信息来寻找管理企业公众形象的方法。也就是说，环境成本信息披露具有选择性是因为企业试图形成一种途径使得相关主体获取企业的环境成本信息。

近20多年以来，环境问题已转入金融投资者的风险、收益考虑之列，对于股票或者是债权持有者，阅读关于环境负债和环境法规的环境信息成为投资决策的一项很重要的参考。Epstein 和 Freedman（1994）认为对于非机构投资者大约有82%的被调查者希望在年报中看到环境成本信息的披露。投资者的兴趣和信息要求和企业预想的有时是不一样的，实施环境成本信息披露对于投资者来讲至少是一个有益的补充。环境成本信息的关系可以分为两类：确定性的和非确定性的。这正如同 Lindblom（1994）所陈述的沟通战略，环境成本信息披露可能会使得投资者形成关于利润和环境责任的零和博弈。如果管理者考虑发布环境成本信息，会对企业的财务有着不确定的影响。事实上，年报中体现的不确定或者是确定性的环境成本信息披露可作为投资者解释财务信息的一种补充。

政府部门是环境成本信息的主要使用者之一。政府有关部门，特别是环境保护部门通过各类企业提供的环境成本信息，可了解企业对环境的污染和保护，掌握环境保护方面的整体情况，从而制定与环保相关的法律、政策，以改善环境，提高整个社会的环境质量。规范者对企业的类型认同取决于其是否被认为是环境绩优者或者是环境绩效差者。对于身处企业周围的公众，可以直接感受到企业的环境行为，因而他们有了解企业环境信息的意愿。同时，社会公众的态度将会影响到企业在社会上的形象，而这将间接的关系到企业生产、销售和赢利。规范者主要是从制度激励的角度加以分析，而环境保护主义者等社会公众则主要是从生态的角度来分析。

企业的管理决策层也是环境成本信息的重要使用者，在很多的情况下他们可能会要求更多、更细致、更具体的环境成本信息，用于帮助解脱所承担的财务和环境责任。而企业的员工可以直接感受到企业环境污染的现实和环境保护的好处，因而他们也有需求去了解企业在环境问题上所做的工作，一方面可以用于评估自身的利益，另一方面可以改善与企业的关系。

由上可知，企业的环境成本信息披露行为是一个涉及各方面利益关系的博弈过程。企业作为这个博弈过程的核心方和关键方，怎样才能从企业的本质——追求利润和利润最大化出发，使博弈的最终结果达到企业的环境收益大于环境成本，是这种披露行为能够进行下去的前提和保证。企业的环境成本信息披露是一种全方位的环境成本信息披露，可能有的披露个体收益大于成本，有的收益小于成本，但怎样进行系统的整合、协调，使总体行为的收益大于成本，也是从成本收益角度分析企业的环境成本信息披露行为的一个重要点。

(三) 企业环境成本控制的报告体系

1. 企业环境成本信息披露的内容

环境成本会计报告体系要包含的三张主表、两张附表及报表附注，三张主表分别是资源平衡表、生态损益表及物质流量表，分别实现环境成本会计控制的三个目标，通过分析资源平衡表可以达到有效利用资源、减少资源浪费造成污染的目的；分析和控制生态损益表可以达到实现生态权益保值增值的目标；通过分析物质流量表可以达到进行全过程控制的目的。另外两张附表是生态权益变动表和生态权益变动分析表，主要针对环境成本会计控制终极目标实现程度进行分析。

环境成本会计信息披露是实现环境成本控制的重要手段，环境报告是继管制手段、经济手段之后一种新型的环境管理手段，与传统财务报告不同的是，环境成本会计控制信息披露主要偏重于企业环境成本会计控制效果的披露，主要反映企业在一个会计期间采用哪些控制措施及取得的效果如何。环境成本会计控制信息的披露可以达到两方面的效果，一是为政府环境成本控制提供决策依据，并作为评价企业环境保护工作优劣的主要依据；二是作为企业内部进行下一轮环境成本控制工作的重要参照。

一般来说，环境成本会计控制信息披露体系应至少包括五张报表，分别是资源耗费与环境互动平衡状况表、资源成本与环境成本构成对照表、废气排放量与大气污染危害程度报告表、水资源耗费与排污状况表及企业（或地区）履行社会责任综合指标汇总表。结合前人的研究成果及环境成本会计控制的目标，本书认为该体系包括至少包括三张主要报表（资源平衡表、生态损益表及物质流量表）、两张附表（生态权益变动表和生态权益增减变动分析表）及报表附注。

综上所述，环境成本会计控制框架具有一定的系统性，无论是目标、内容，还是手段和信息披露，都遵循着一定的主线，并一一对应。为实现环境成本会计控制的终极目标，需要对控制企业的生存权益，采用企业层面最高的业绩控制，并反映在最后"生态权益变动表"中；对于实现生态权益保值与增值的中间目标，控制内容是环境成本，控制手段采用对环境成本控制，控制效果反映在"生态损益表"中；具体目标是实现资源的有效利用，控制内容是"资源损失"指标，并采用各种手段实现资源损失最小化，控制效果反映在"物质流量表"中。这样，通过三个层次的控制，实现最优的环境控制效果。

2. 企业环境成本信息披露的未来要求

（1）企业环境成本报告应单独披露。把环境成本报告从传统财务报告中独立出来进行单独披露，并不是简单的信息分割，而是具有开创性的跨越。首先，单独环境报告意味着把环境成本控制提高到一个较高地位。一直以来，环境业绩和财务业绩对于企业管理者来说是个两难的选择，虽然有文献研究表明，环境业绩和财务业绩之间存在着正相关的关系（Guenster et al.，2005），但在实际操作中，企业往往主要关注财务业绩，兼顾环境业绩。如果把环境成本报告进行单独披露，环境成本信息的地位可以得到提高。实质上，从理论上讲，环境业绩是财务业绩的基础，只有拥有良好的环境业绩才能保证企业拥有良好和持续的财务业绩。其次，进行单独环境成本报告披露可以突破传统会计准则对环境会计的约束。传统会计准则对环境的确认、计量及报告都存在诸多的困难，把环境业务纳入到传统会计准则中进行反映和披露非常困难，容易造成信息扭曲，如只能确认部分环境成本，大部分的环境成本却由社会承担，这也是目前环境会计无法快速发展的原因。如果把环境报告进行独立披露则可以单独建立环境成本信息确认、记录及反映的准则，这个准则可以延续传统会计的思想。最后，单独环境成本报告可以充分体现环境报告的目标。环境报告的目的不仅仅是信息披露和社会形象的体现，更重要的是基于环境成本信息披露的环境控制。通过定期的环境报告披露，可以使企业在环境成本控制方面倾注更多精力，达到环境控制的目的。而现有的附属环境成本信息披露则达不到这样的目的，环境成本控制较好的企业把环境成本信息放在财务报告显著的位置，环境成本控制不好的企业则把环境信息放在极其不显眼的位置，甚至不披露。如果要求单独进行披露，即使环境控制不好的企业也不得不考虑如何采取有效的环境成本控制措施粉饰企业的环境报告。

（2）报告内容应以数量金额式的披露为主。环境成本信息披露多是以定性披露为主，定量披露也有，大多是数量式的，如排污量是多少吨等。作为会计四大假设之一，要求进行货币计量，在目前的环境成本信息方面应用非常少，如企业本月对大气污染产生的损失是多少，这个在目前的环境成本报告中很少涉及。因为会计计量是个很大的问题，环境污染造成的损失不容易计量，而会计讲求客观性原则，所以，有的企业把涉及的诉讼赔偿和罚款作为环境损失，这样处理是把复杂的问题简单化了。但未来环境成本报告的趋势是不但要披露数量还要披露金额，这将是对会计学科的巨大挑战。

（3）建立独立的环境成本报告编报机制。环境成本报告除了要单独披露之外，建立不同于财务报告的编报机制也是未来发展趋势。和财务报告不同，单独的环境成本报告具有一定的特殊性。报表的审计应由国家主管部门指定的审计部门进行审计，多进行的是政府审计，一般不选择民间审计；另外，环境成本报告的上报应统一报送财政部门、统计部门和环境保护部门，统一汇总，统一对外公布。

报告体系包括三张主要报表（资源平衡表、生态损益表与物质流量表）、两张附表（生态权益变动表与生态权益增减变动分析表）及报表附注，并进行简表设计。

资源平衡表。根据物质守恒原理，资源投入＝资源产出，资源投入一般包括能源、主要材料及辅助材料，需要注意的是不包括人力投入和机器投入，原因是人力资源与环境破坏没有直接关系。另外，固定资产一般不会直接产生环境问题。资源产出包括产出商品（成本价扣除人力成本与制造费用）、主要材料剩余和辅助材料剩余，还包括资源损失，即没有回收回来的产出。这样，平衡方程式为：能源＋主要材料＋辅助材料＝库存商品＋主要材料剩余＋辅助材料剩余＋资源损失。根据以上平衡方程构建的资源平衡表，各个具体行业和企业会略有不同。对于资源平衡表，有两点需要说明，其一，资源损失代表什么含义？资源损失意味着属于泛利益相关者的资源投入企业进行运营，产出应与投入等值，如不等，则出现资源的损失，这些损失可能转变成了污染物。由于污染物具体是多少在实务中很难测定，因此，采用这种平衡表倒挤出该项数额。资源损失实际上损害了生态权益。但是，企业在一般情况下都会产生资源损失，除非使用循环方法不产生任何的排放物。在实务中，泛利益相关者更关心资源损失的大小及变化金额。其二，可以利用此表进行效率分析。资源平衡表是典型的投入产出表，可以采用数据包络分析方法（DEA）分析资源使用的相对效率。使用 DEA 可以辨别哪些资源利用效率低下，短期内需要进行调整，长期可以考虑采用替代效率更好的能源。资源平衡表最好能够按月进行编制，如果条件允许的话，可以按旬或按周编制，通过编制与披露资源平衡表，能够较为清晰地了解到资源投入产出的绝对数额，特别是对资源损失的计算能够反映该企业在某个时间段的资源投入产出差额的绝对数，反映出某个行业中某个企业对环境造成的破坏幅度。

生态损益表。环境成本会计报告体系关注的核心是生态权益的保值和增值，而影响生态权益大小的主要因素就是生态损益，即生态收入扣减生态成本后的净额。生态收入一般指企业向社会提供环保产品或者服务获得的收入。生态成本在学术界是和环境成本联系起来的，两者包含的内容基本相同，但也有细微差别，有时合称为"生态环境成本"，从微观上定义是指生产单位在其生产经营活动中，由于所耗费生态环境因素的价值计量（王立彦，1995）。企业在整个运营过程中对生态环境的耗费和损害都应计入生态成本，除了通常意义上耗费的材料、人工、物料、设施等显性成本，还应包含资源损失所引起的污染控制成本、罚款与赔偿支出、水污染成本、空气污染成本及土壤污染成本。因此，生态成本包括两部分成本，一部分是在传统会计体系中可以确认的显性成本，又称之为显性环境成本，包括环境控制发生的料、工、费、环境保护固定资产的折旧、环境诉讼费、罚款与赔偿支出及其他可以明确确认的显性环境成本。对显性环境成本可以依据传统的会计体系进行分析填列；而隐性环境成本则是无法直接从传统会计体系中得到，本书采用通过计算资源损失间接得到企业对外部环境所造成的成本，即水污染成本、空气污染成本及土壤污染成本，这是一种折中的计算方法，到目前为止，从控制角度来看，通过资源平衡表计算资源损失，进而计算隐性部分环境成本的方法是相对较优的方法。

物质流量表。资源平衡表是一个总表，一边是投入，一边是产出，而物质流量表则是将企业整个运营过程分为主要的若干作业，形成作业链，每个作业设定能源消耗量、废弃物回收的数量，制定定额应从最后一个作业逐步反推到第一个作业，运营一个循环，分析差异，然后将这些差异来修正定额，经过多次修正达到一个相对稳定状态。

生态权益变动表。这是附表中最为主要的表，主要披露生态权益的变动情况，企业月末、季末及年终都要依据资料编制生态权益变动表，确定生态权益的保值增值情况。

生态权益增减变动分析表。这是针对生态权益增减变动而编制的附表，此表无固定格式，根据所采用的方法不同而格式也不一样。可以采用因素分析法，分析哪些影响因素导致了最后的生态权益的变动；也可以采用类似于杜邦分析法，以"生态损益/期初生态权益"作为核心指标，分析哪些因素对该指标起到了主要影响。

报表附注。这是针对主要报表中的一些项目进行详细解释，包括计算依据、计算方法及其他不能直接在报表中反映的内容。另外，在附注中还应披露企业在环境控制方面制定的长远战略，如在能源消耗方面所作的规划，如何逐步增加可再生资源的比重，以及本年实现的情况。

（四）制造企业环境成本信息披露的内容

在实际工作中，可以依据一般成本报表的基本原理，设计一种通用性的简式环境成本报表，用以总括并分类反映企业在一定期间内发生的与环境有关的支出情况。根据制造型企业环境成本信息，其基本内容、格式与编制方法如表

5-8 所示。

表 5-8　制造型企业环境成本信息表

20××年度　　　　　　　　单位：

项目		本期金额	上期金额
1. 环境保护成本			
环境治理费用	大气污染处理		
	废水污染处理		
	废物污染处理		
	环保设备折旧费用		
环境预防费用	固定资产环保改造支出		
	环保技术支出		
环境补偿费用	废水超标排污费用		
	废气超标排污费用		
	固体废弃物超标排污费用		
	职工、居民补偿费用		
环境发展费用	绿化费		
	环境卫生费		
	其他发展成本		
环保事业费用	环保科研经费		
	再生循环项目投资支出		
	其他环保行政事业费		
2. 环境资源消耗成本	自然资源		
	生物资源		
3. 环境损害成本			
环境损害成本	大气污染损害成本		
	水污染损害成本		
	土壤损害成本		
总计			

　　企业环境成本表是一种动态报表，编制报表的目的在于帮助信息使用者了解企业环境成本的具体变动情况。由于只有账户的发生额才能反映一定期间内的变动情况，环境成本表的编制应以账户的发生额为依据。

　　企业可以根据不同的产品生产量，计算出不同产品的单位环境成本信息，不同产品的单位环境成本占该产品总成本的比重，从而发现问题，找出降低成本、节约资源的关键点。

第六章 企业环境成本控制模型设计

目前，环境成本控制方法理论和实践研究已初见成效，但大部分研究成果还有待深化，本书在对现有研究成果进行综述的基础上，对企业环境成本控制方法提出较为具体的改进建议。现行环境成本控制模型可分为：超前控制、实时控制、综合控制和特殊企业环境成本控制等。

第一节　企业环境成本超前控制模型

一 产品生态设计

所谓生态设计，是指利用生态学思想，在产品开发阶段综合考虑和产品相关的生态环境问题，将保护环境、人类健康和安全意识有机地融入其中的设计方法。依据生态设计产出的产品具有以下功能。

（1）用户在使用产品时，不产生环境污染或只有微小污染；报废产品在回收处理过程中产生很少的废弃物。

（2）最大限度地利用材料资源，使生态设计产品尽量减少使用量或种类，特别是稀有昂贵材料及有毒、有害材料；同时要求在满足产品基本功能的前提下，尽量简化产品结构，合理使用材料，并使产品中零部件能得到最大限度的再利用。

（3）最大限度地节约能源，生态设计产品在其生命周期的各个环节所消耗的能源最少，在许多方面与传统的设计有所不同。两者的比较详见表6-1。

表6-1　生态设计与传统设计比较

比较内容	生态设计	传统设计
成本关注	生命周期成本	生产成本
环境治理类型	污染预防	先污染后治理
环境响应	主动性	被动性
经济效益	企业与用户经济效益最大化	企业内部经济效益最大化
环境效益	生命周期环境损害最小化	较少、不刻意追求
可持续性	高	低

资料来源：王毅等（2000）

生态设计直接影响产品或服务的生产、使用和回收利用，同时，作为一个过程，不断地接受着生产使用等环节的信息反馈，使自身得以更加完善。日本环境厅提出的生态设计的流程（图6-1）比较好地体现了产品的生态设计理念，可以借鉴和参考。从生态设计流程看，它包括商品规划、设计和评价三个环节。商品规划是企业对新产品的开发和对老产品的改造，依据企业环境目标而进行的策划。在确认能基本满足企业环境目标之后，进入设计环节。设计环节的依据是生态设计准则，此准则根据企业所确定的环境目标，并通过对生命周期环境影响评价的信息反馈所制定。尽管因企业所处行业、生产特点和规模不同，产品生命周期环境影响评价模式也存在某些差异，但从一般的原理来看，基本上却是大同小异的，都遵从着如图6-1所示的流程。

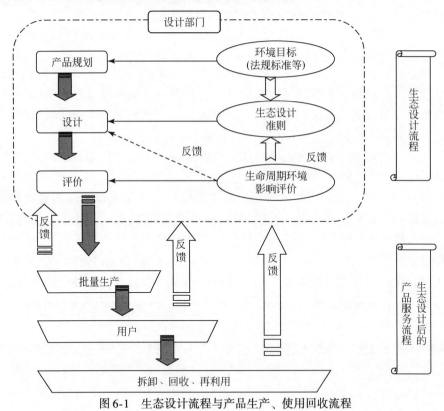

图6-1 生态设计流程与产品生产、使用回收流程

二 基于生命周期的环境成本控制

(一) 基于生命周期成本法的分类

生命周期成本法出现于20世纪60年代中期，是一种针对产品生命周期的会

计核算和控制方法。采用生命周期成本法对企业的环境成本进行控制是对作业成本法的补充和深化，对环境成本的作业成本分析不再局限于生产过程中所发生的环境成本，而是包括了产品开发、销售直至淘汰整个生命周期过程的环境成本，使得产品成本项目更为完整，从而满足了企业管理对产品成本核算的需要。

采用这种方法，环境成本可以分为以下三类。

（1）普通生产经营成本，指在生产过程中与生产直接有关的环境成本，如直接材料、直接人工、能源成本、厂房设备成本等，以及为保护环境而发生的生产工艺支出、建造环保设施支出等。

（2）受规章约束的成本，指由于遵循国家环境法规而发生的支出，如排污费、监测监控污染的成本等。

（3）潜在成本（或有负债），指已对环境造成污染或损害，而法律规定在将来发生的支出。

企业可以根据产品的生命周期，在产品形成的各个阶段分别核算上述三类成本。对于第一类成本通常可以直接从账簿中取得实际反映的数据；对第二类成本则可以根据成本动因进行归集分配；而第三类成本需要采用特定的方法进行预测，如防护费用法、恢复费用法、替代品平价法等。

（二）基于生命周期成本法的产品生态设计

产品生命周期的生态设计主要包括绿色材料设计、绿色工艺设计、绿色包装设计、回收处理设计和产品使用设计等内容。在进行产品生命周期设计时，首先应进行产品生命周期的环境需求分析，明确设计目标和设计重点，再进行具体的细节设计。

1. 需求分析

环境需求分析除了需要清楚生命周期每一阶段的环境需求及表达方式外，还必须要清楚每一需求之间的相互关系及协调解决机制。

2. 系统框图

根据产品需求、环境需求及市场准入方面的需求分析，确定产品应具有的功能、性能等特性参数，在所建立的生命周期系统框架内进行生命周期各阶段的设计，并对各阶段的设计过程和结果进行协调。当设计结果满意时，则可得到与产品生命周期有关的所有信息，如设计资料、工艺信息等；若设计结果不能满足生命周期设计要求，则进行相关协调修改，直至最终达到要求目标。图6-2所示为生命周期设计系统框图。

（三）生命周期成本法的产品设计内容

生命周期成本法的产品设计包括以下内容：一是绿色材料设计。原材料处

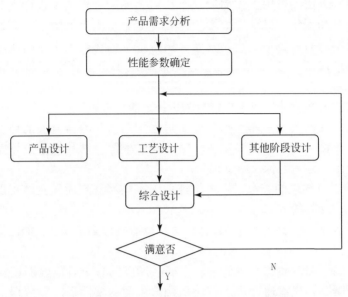

图 6-2　基于生命周期的产品生态设计系统框图

于生命周期的源头，选择绿色材料应考虑是否符合能够自然分解、不加任何涂镀、加工中污染最小、报废后污染最小等条件。二是绿色工艺设计。在设计时应考虑以传统工艺技术为基础，结合材料科学、表面技术、控制技术等高新的先进制造工艺技术。三是绿色包装设计。在设计时应考虑采用绿色包装材料研发，回收利用技术开发，包括结构技术研发、包装废物回收处理等技术。四是产品回收设计。在设计时应充分考虑产品零部件及材料回收的可能性、回收价值的大小、回收处理方法、回收处理结构工艺等与回收有关的一系列问题，以达到零部件及材料资源和能源的充分有效利用。五是产品使用设计。在设计中应尽量进行原材料使用的设计、能源和水的使用设计及可拆卸设计等。

三　基于 ERP 企业环境成本控制

（一）清洁生产方式

1982 年，联合国工业与环境规划中心对清洁生产的定义是：清洁生产是指将综合预防策略持续应用于生产过程和产品中以便减少对人类和环境的风险性。对于产品来说，清洁生产意味着减少和降低产品从原料到最终处置全生命周期的不利影响。经验证明，清洁生产可以带来显著经济效益，并较好地适应企业同时兼顾经济效益与环境保护的需要。

　　清洁生产的内容包括生产过程和产品两个方面。对生产过程来说，清洁生产意味着节约原材料和能源，取消使用有毒材料，于生产过程排放废弃物之前减少废物的数量并降低其毒性。具体来说包括：尽量少用、不用有毒有害的原料；保证中间产品的无毒、无害；减少生产过程中的各种危险性因素，如高温、高压、低温、低压、易燃、易爆、强噪声、强震动等；采用少废、无废的工艺和高效的设备；进行物料再循环；使用简便、可靠的操作和控制；完善管理等。对产品来说，清洁生产意味着减少和降低产品从原料到最终处置全生命周期的不利影响。具体来说，清洁的产品，它是指节约原料和能源，少用昂贵或稀缺原料的产品；利用二次资源做原料的产品；产品在使用过程中及使用后不致危害人体健康和生态环境，易于回收、复用和再生的产品；具有合理使用功能和合理使用生命的产品；报废后易处理、易降解的产品等。

　　清洁生产的基本手段是改进工艺设备，开发全新工艺流程，生产原料闭路循环，资源综合利用，调整产品结构，搞好末端治理，力争废物最少排放或消灭在生产过程之中。因此，清洁生产除了在环境保护方面优于"尾端"治理以外，还体现在经济效益、投资回报、治污费用等方面，其成本大大低于"尾端"治理所需的费用，是从根本上减少环境成本的战略性选择。

　　（二）基于 ERP 企业环境成本控制要求

　　在 ERP 环境下，企业的资源管理和业务流程实现一体化和全面管理，企业不仅需要合理规划和运用自身各项资源，还需将经营环境中的各个方面（包括库存物资、生产工序、生产车间、供应商、客户、分销商等经营资源）紧密结合起来，形成供应链，并准确及时反映各方面的动态信息，监控经营成本和资金流向，提高企业对市场反应的灵活性和财务效应，环境成本管理只是该价值链管理中的一环，为了使整个价值链不至于脱节，ERP 环境还需进行以下革新。

　　1. 改变成本核算组织方式

　　在 ERP 环境下，应按业务流程组织成本核算，组织机构向扁平化发展，减少中间管理层。成本管理人员除掌握成本会计知识外，还应掌握相应的环境因素分析技术；除了能够进行环境成本核算外，还应具有参与环境预测、决策、控制和分析等方面的能力。例如，可以通过环境信息资源共享，进行企业财务状况绿色评价、经营成果预测等，为环境决策提供科学依据；也可以运用财务分析与控制方法，对企业的财务风险和经营风险进行预警，揭示企业环境成本管理中存在的问题和潜在风险。

　　2. 重组环境成本核算流程

　　传统环境成本会计核算都是以会计凭证为输入起点，这就决定了环境成本会计信息系统孤立于业务和其他管理信息之外，只记录了业务事项信息的一个子集，而忽略其他大量的管理信息。ERP 把企业的物流、信息流和资金流整合在一起实现了环境会计信息、其他管理信息业务的集成，ERP 将环境信息（包括成本信息）的输入口延伸到业务最前端，多维度记录业务信息（包括绿色物流信息、客户和供应商的绿色选择、企业内部计划、环境预算等），而环境成本会计记账工作则可以通过事前设置和后台的处理流程自动生成财务信息。

环境成本会计信息的多维度性和实时性使会计监督控制职能得到前所未有的发挥，借助 ERP 技术平台，环境成本监督、控制的范围从局部控制扩展到经营活动的全过程，包括企业产品研发、采购、仓储、生产、销售等，在空间范围上，延伸到企业每一个生产部门，包括业务部门、管理部门，在监督、控制形态上，真正实现了从事后控制到实时控制的重要转变。

3. 强调作业成本法的应用

作业成本法把直接材料、直接工资等内含环境因素的直接成本归入产品直接环境成本，而把制造费用等内含环境因素的间接成本按成本动因的不同分为数量驱动的制造费用和非数量驱动的制造费用两类。对于数量驱动的制造费用，按数量基础分配到产品中，而对于非数量驱动的制造费用则根据"作业消耗资源，产品消耗作业"的基础思想，进行两阶段成本分配。在第一阶段，把那些非直接成本归集到作业；在第二阶段，每一类作业的成本以选定的成本动因按比例地分配到产品中。因此，成本动因通常是作业消耗量的一个衡量指标。

采用作业成本法进行企业的环境成本控制具有两个方面的优势：一是提高了环境成本信息的可靠性。作业成本法建立在传统成本核算方法的基础上，对环境成本进行作业层次上的分析，并选择多样化的作业动因进行环境成本的分配，从而提高了环境成本的对象化水平和环境成本核算信息的准确性。二是满足环境成本信息的相关性要求。作业成本法在作业层次上对环境成本进行了动因分析，保证环境成本分配准确地追溯到各个产品，揭示了环境成本发生的原因，有利于企业管理部门加强环境成本控制，挖掘成本降低的潜力及准确计算产品的赢利能力。

四 基于供应链企业环境成本控制

基于供应链企业环境成本控制包括框架设计、目标定位、对象实施及内容界定等方面。

1. 框架设计

绿色供应链管理的体系结构是绿色供应链管理的目标、实施对象、主要内容和支撑技术等多方面的集合，应能给人们研究和实施绿色供应链管理提供多方位视图和模型。根据制造型企业特点，提出一种适合制造型企业的供应链管理的体系结构，如图 6-3 所示。

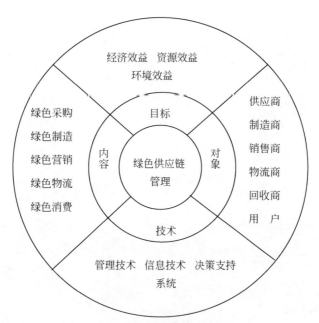

图 6-3　制造型企业供应链管理体系结构

2. 目标定位

供应链管理的目标是经济效益、环境效益和社会效益的协调优化，尤其强调的是在整个供应链的各个环节中，即包括产品设计、制造、包装、运输、使用和报废处理的整个产品生命周期，对环境影响（副作用）尽可能小，资源利用效率尽可能高。

3. 对象实施

制造型企业供应链管理的对象涉及供应链中的各个主体，包括原材料供应商、生产制造和组装商、分销商、零售商、用户和物流商等，在实施供应链管理过程中，不仅要求一些关键节点企业制定并严格实施行业的环境管理标准，而且其上、下游厂商及最终用户也必须遵守同样的环境管理标准，才能提高整条供应链的绿色性。

4. 内容界定

供应链管理的内容是采用系统工程的观点，综合分析供应链管理从材料采购到报废产品回收处理的全过程中各个环节的环境及资源问题，主要包括绿色采购、绿色制造、绿色销售、绿色物流、绿色消费等，如图 6-4 所示。

因此，供应链企业环境成本控制是将环境成本控制理论与供应链管理实践相结合，充分发挥双方优势，建立起更为优越的企业环境成本控制模式。

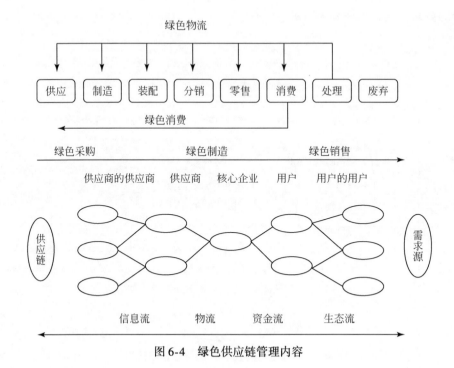

图 6-4　绿色供应链管理内容

五　基于价值链的环境成本控制

基于价值链的企业环境成本控制包括两个方面：基于内部价值链的企业环境成本控制和基于外部价值链的企业环境成本控制。

（一）　基于内部价值链的企业环境成本控制

价值活动的相互联系构成了企业的内部价值链，从内部价值链研究企业环境成本控制，关键就在于对企业的内部价值活动进行控制。根据价值链理论，企业的价值活动可以分成：设计活动、采购活动、生产活动、销售活动，这四种价值活动之间存在着内在联系，而环境成本是联系它们的纽带，表现为一种活动和环境成本量的改变可以影响另外一种活动和环境成本量的改变。

1. 设计活动

从企业环境成本控制来说，设计活动在这个过程中虽然不会产生大量的环境成本，但是从整个企业内部价值链上的价值活动之间的关系来看，其在很大程度上决定了产品原材料的选择，制造工艺与过程、使用和服务，回收再利用和废弃等生命周期阶段的环境成本与经济代价。该环节强调生态设计，是指利用生态学思想，在产品开发阶段综合考虑与产品相关的生态环境问题，将保护环境、人类健康和安全意识有机地融入设计方法中。实施生态设计首先要求设计人员有绿色环保意识，具有源流控制思想。在具体的设计过程中，需要充分考虑资源的综合利用收益，运用目标成本法，根据企业控制环境成本的实际情况和顾客、竞争对手等各方面的因素，制定具有竞争性的环境成本目标，然后运用价值工程（value engineering）法，对环境成本和产品功能进行分析，在满足产品必要功能的前提下，降低产品生命周期环境成本，从而实现目标成本。

2. 采购活动

企业要做好采购活动工作，就需要搞好市场调查，掌握资源情况，确定绿色环保材料，然后选择经济合理的供应渠道，组织订货，并及时运输、检验入库，从原料的数量、规格、质量、时间和配套等各方面保证生产的顺利进行。具体应采取以下措施：一是建设高素质的采购队伍，树立采购人员强烈的环境保护责任感和环境成本意识，使其采购行为符合环境成本控制的需要。二是制定绿色采购管理制度，具体包括采购领导制度、经济责任制度、监督制度和民主管理制度，以文字形式对绿色采购组织工作与绿色采购具体活动的行为准则、业务规范等作出具体规定。三是明确责任、健全监督机制。采购部门每次采购行为，都要编制采购计划，订立采购合同；财务部门和环境部门对采购计划和合同进行审查，控制资金调度。在审查合同时，着重于内容是否符合环保政策法规及公司环保政策规定，责任是否明确，所采购原料的规格、质量和价格是否合理，订货量和订货点是否科学。四是以原材料消耗定额为依据，制订采购计划，凡有消耗定额的材料，采购量必须以定额为控制依据，防止材料浪费，同时应优化定货量，把环境因素纳入经济定货量的计算当中。

3. 生产活动

联合国环境规划署工业与环境规划中心（UNEPIE/PAC）指出，"对生产过程而言，清洁生产包括节约原材料和能源，淘汰有毒原材料并在全部排放物和废物离开生产过程以前减少它们的数量和毒性"。清洁生产在满足企业需要的同时，又可合理使用自然资源和能源并保护环境，将废物减量化、资源化和无害化，或消灭于生产过程之中。

企业在进行清洁生产过程中，应该对各种投资方案进行成本效益分析，采取环境成本最小，而且经济效益良好的生产方案。具体说来，在控制生产活动的环境成本上，可以采取以下措施：一是培育生产活动人员环境保护责任感和强烈的环境成本意识，这是展开有效环境成本控制的基础。二是建立清洁生产组织管理制度，内容包括清洁生产组织系统、清洁生产责任制度、清洁生产的业绩标准和监督管理等内容。这样可以确立合理的组织结构，确定各层次、各部门和每个工人的责任，严把质量和安全生产关，把废物的产生降到最低，从根本上杜绝各种安全隐患的发生，避免不必要的环境成本，也使各个活动有具体可以参照的依据。三是在清洁生产的事前、事中和事后都应该关注可能发生的环境成本，以便采取积极的措施，做到事前防止、事中控制和事后消除环境成本，把环境成本控制的理念贯穿于整个生产活动的前前后后。

4. 销售活动

对销售活动过程中环境成本的控制，主要体现在销售思想的转变上。企业应尊重购买商的价值，也就是说，从产品使用者视野看环境成本问题，从使用者成本的角度来帮助企业寻找其他环节降低环境成本、提升企业价值的机会。这样，企业环境成本的观念发生了变化，这种变化与价值链思想有关，从企业观发展到社会观，企业有了控制环境成本更大的动力。

企业具体进行绿色销售，应采取以下措施：一是转变销售观念，从传统销售转为绿色服务，积极与购买者进行合作。此过程不只是针对销售人员，更重要的是需要企业管理层的积极支持。二是销售人员应对市场状况进行分析，这种分析不仅包括购买者绿色需求信息，而且也包括行业信息，分析结果会决定企业的竞争战略和销售前景。三是将收集到的信息进行积极的反馈，送达设计部门、采购部门和生产部门，使它们的活动能够满足最终消费的需要。四是积极与顾客进行销售理念的沟通，使顾客了解企业的绿色服务内容，这样企业的价值链才能顺利向下延伸，以此降低整条纵向价值链上的环境成本，实现企业价值增值的目标。

(二) 基于外部价值链的企业环境成本控制

1. 上游价值链控制环境成本

企业在上游价值链控制的过程中，主要是积极与上游供应企业进行战略合作，共同采取控制环境成本的有效措施，包括以下两个步骤。

1）对上游企业进行选择

企业存在众多不同类型的上游企业，对上游企业重新进行选择的过程中需要综合考虑社会市场因素、上游企业因素、本企业因素三个方面，如图 6-5 所示。

由图 6-5 可知，企业在选择的过程中，需要综合考虑社会市场、上游企业和本企业这几个关键因素。在考虑自身因素时，主要是满足企业的环境标准和生产工艺等各个方面的要求；在考虑上游企业因素时，应关注上游企业目前在文化、服务和产品等方面能否达到企业自身环境成本控制的目的，同时也应了解上游企业能够发生的改进；社会因素是企业选择上游企业的一个未来标准，这个标准会对企业自身和上游企业都产生影响。通过综合以上因素，才能合理确定企业希望共同合作的上游企业。具体选择还可以采取以下方法。

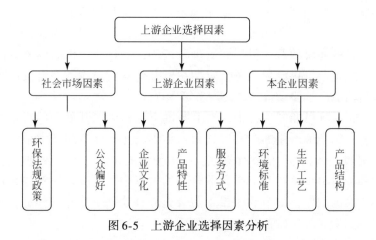

图 6-5 上游企业选择因素分析

第一，确定上游企业的选择标准，这些标准企业可以根据企业自己的情况制定，也可以参照国际标准组织制定的 ISO14001 标准。

第二，在具体标准确定后，企业可以设计一个调查问卷，分发给上游企业，询问上游企业如何从控制环境成本、减少环境风险的观点管理他们的企业。在现有和潜在的企业中进行重点选择，这些企业不仅能够提供高质量的产品和服务，而且能够满足本企业的环境管理标准，甚至开展一些环境行动，并努力与本企业保持长久的商业联系，共同进行环境成本控制。

2) 与上游企业进行合作

企业在对上游供应企业进行选择之后，有必要与供应企业进行合作，让供应企业介入到公司的多种活动中，建立双方的信任关系，共同解决环境成本控制过程中涉及的各种问题。在与供应企业合作的过程中，可以采取以下具体的方式。

第一，如果上游企业对自己的状况比较了解，企业可以向所有进行合作的企业寻求建议，发现能够进行环境成本控制的措施，进行跨企业的沟通和企业之间跨部门的沟通，相关部门包括设计、制造、采购、废物处理。

第二，企业可以为上游企业提供帮助或支持，成为环境指导企业，如对上游企业的环境管理或者其他核心商业问题提供指导，共享环境改进的具体措施，帮助开展环境成本控制行动。

第三，绿色设计（或者再设计）行动的合作：设计环保包装，如散装、可再使用和可再循环的包装；设计运输和处理路线，以回收和再循环/翻修末端生命周期的物品；在绿色产品开发中，也可以要求上游企业参与，由于这个过程响应时间较长，需要供应企业尽早介入。

第四，与上游企业共同识别上游企业可能参与的改进机会。例如，对目前的产品和供应企业的产品进行生命周期影响评估，共同研究降低生命周期影响的替代材料、产品、设备和方法，促进产品和工艺的改进；对制造、维护、库存和其他运营的环境政策、目标和管理系统等进行评估，以确定需要改进的领域；促进供应企业提供绿色服务，定期租赁办公器材或设备，由供应企业管理化学品、清洁品、实验设备、办公设备等库存。

第五，在各种可能的机会中，与上游供应企业优先开展一些行动，具体包括：集中改进污染最严重的产品和过程；集中关注缺乏专门技术独立进行改进的运营。例如，化学物质的库存管理、可再使用的包装、工艺改进、替代溶剂、能源节约和废料再生。在与上游企业合作的过程中，还应该注意与合作伙伴签订条款和协议的问题，如节约的成本能否充分补偿每个合作伙伴的投入，是否需要为客户的附加服务或者参与支付费用等。

2. 下游价值链控制环境成本

对下游价值链进行环境成本控制，最主要是进行废弃资源的回收，达到减少环境成本的目的。然而资源的回收不同于资源的购买，单凭企业自身的力量，难以达到有效回收的目的，所以需要与下游企业合作，控制环境成本，实现战略共生。在合作的过程中，需要采取以下步骤。

1）选择下游企业

为了实现企业之间的战略共生，降低环境成本，企业同样需要对下游企业进行选择。对上游企业进行选择主要是指选择供应商，企业相对处于比较有优势的地位，而对企业下游来说，企业的主要目的是销售产品，增加利润。因此，这里所说的选择下游企业主要是指选择下游经销商和外包企业，而往往不是指选择最终消费者。选择的过程和方法可以通过前面介绍的问卷调查的方法进行。

2）与下游企业合作

选择好下游企业后，建立战略联盟关系，共同规划对废弃物收集、分拣、稠化或者拆卸、转化处理、递送和集成等控制环境成本的具体操作方法。与下游企业进行合作主要表现在以下方面。

第一，与下游价值链环节上各节点企业进行谈判，以确定合理的采购、退货政策和回收的零部件、产品价值。

第二，共同商讨如何确定所需收集的废弃物的准确地理位置、废弃物的数量、废弃物目前的使用状况等问题，这些问题给计划和控制收集过程造成了很大的困难。

第三，商讨废弃物的运输方法，并作进一步的检查和处理。

第四，共同商讨废弃物的存货管理模式，如所收集的废弃物应该存放的地方，由哪一方企业具体负责其管理及其管理责任。

第五，共同商讨如何对废弃物做作一步的检查和处理，如确定根据产品的质量对产品进行分类的原则，运用这个原则决定产品的再使用、重新加工处理或需将其销毁等。

第六，共同商讨转换的方法，即对回收的产品进行检查、分类，然后根据情况进行清洁、升级，按产品结构特点将产品拆分成零部件后进行再加工、废物处理等。具体操作取决于回收的材料或部件的种类和性质，如复印机需要拆卸，但溶剂废液则需要稠化。企业可以根据需要，决定这项工作是由企业自己完成，还是外包给其他企业完成。通过以上与下游价值链各节点企业的战略合作，可以在高效的状态下，使资源回收或正确处理废弃物，达到控制企业自身资源环境成本，提升企业形象，拓宽下游价值链各个企业价值增值的途径，实现企业共生的目的。

3. 上下游企业资源多极化利用控制

由于控制环境成本单凭一个企业的力量难以形成有效的解决办法，作为组成工业生态系统的各类企业，在其本身环境调节能力的基础上，应该发挥协作和规模优势。实际上，上下游价值链可以连成一个整体，通过技术上独特的生产、分配、销售，以及其他经济步骤，形成资源多极化利用的组合，达到降低环境成本的目的。

第二节　企业环境成本实时控制模型

环境成本实时控制是在 IT 环境中，财会人员利用现代化技术手段和大量信息，对产品生产过程进行实时对比和实时分析，以对财务信息的全程监控代替事后检查，通过指导、调节、约束、促进等手段，达到实时控制环境成本的目的。环境成本实时控制模式是相对意义上的实时，任何实时都有延迟，需考虑到信息的传递时间等因素，在生产过程中尽可能将这种延迟缩短到一定程度，可对其忽略时，就认为控制是实时的。现行环境成本实时控制模式包括：环境成本控制的 PDCA 模型、企业环境成本综合控制方法等。

一　环境成本控制的 PDCA 模型

环境质量成本控制的 PDCA 模型改进为企业提供了将环境成本控制在更低水平的可能，这可以让企业尽可能地降低环境质量成本，增加利润，这也为企业进行持续改进提供了动力。持续改进是一个复杂的系统工程，它需要企业各部门、各单位、各个层次人员的共同努力。从环境质量控制的角度看，其同样遵守着由查理·戴明提供的管理模式，即 PDCA 模型，如图 6-6 所示。

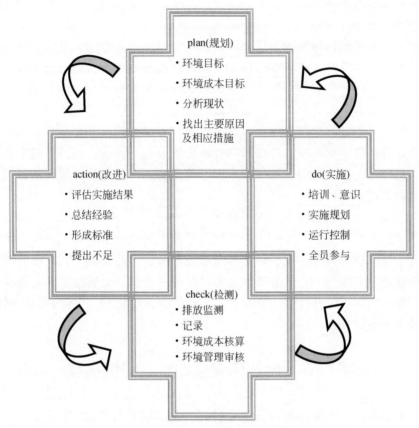

图 6-6　环境成本控制的 PDCA 模型

1. P 阶段

以提高企业环境排放水平、降低排放量、减轻环境负荷、降低企业环境成本支出为目标，通过对企业目前实际环境成本支出的分析，制定本期改进目标。针对改进的目标，确定下一步企业环境改进重点，研究改进方案，确定达到这些目标的具体措施和方法。

2. D 阶段

按照制订的改进计划，实施环境成本改进。企业在实施计划之前，应该对相关人员进行计划实施培训，树立降低环境成本的意识。在实施过程中，应该对整个实施计划进行严格的控制。

3. C 阶段

对照计划要求，通过检测企业环境排放及企业环境成本核算，来检查、验证改进计划实施效果。

4. A 阶段

在分析改进计划实施结果的基础上，总结改进成果并制定成标准，以供以后实施。对于继续存在的问题，进入下一次改进循环。

环境成本控制的 PDCA 模型是一个周而复始、不断提高的动态循环过程，每经过一次循环，企业的环境质量成本就会得到改善。

二 企业环境成本的综合控制方法

企业环境成本综合控制方法是综合了超前、现实等多重控制方法的不完全控制体系。

（一）对环境因子专门化成本控制系统

环境因子专门化成本控制主要涉及能源、废弃物、包装物、污染治理等方面的成本控制。能源的使用往往直接或间接地影响到环境质量，为使企业同时产生经济和环境两方面的效果，采用一定方式建立能源成本控制系统很有必要；企业生产经营过程中产生的废弃物不仅对环境造成破坏，还意味着企业将会再产生一定的清理成本，但废弃物也有可能存在一定的再利用的价值，因此对废弃物处理可以构建一个专门的成本控制系统；包装物是否可以回收利用、是否可分解处理，也是一个重要的问题，也可建立一个成本控制系统；污染治理涉及较多支出，应该建立专门的成本控制系统。企业内部的环境成本控制系统的建立如图 6-7 所示。

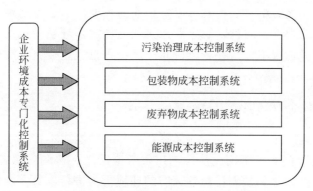

图 6-7 企业环境成本专门化控制系统

（二）企业环境成本全局控制系统

全局控制系统要求企业应对环境成本进行事前规划、事中控制、事后控制的全过程控制。事前规划包括综合考虑企业整个生产工艺流程，把未来可能的环境成本支出纳入产品成本预算系统，提出各种可行性方案，然后对各个方案进行价值评估，选出最佳方案，以达到控制环境成本的目的。事前规划从根本上确定或改变环境成本的发生方式，是一种积极主动的管理控制方式。企业的生产经营活动在一定期间内具有周期性，企业各种成本的发生也因此具有周期性，环境成本也不例外。环境成本的周期性取决于企业所选择的解决环境问题的方案，企业对环境问题作出重大决策时，环境成本会遵循这一决策作周期性运动，而这一运动方式直到再次进行重大决策时才可能有所改变。

事中控制是对环境成本的发生进行过程控制，这一环节的主要工作是从技术经济方面来考虑产品成本问题，跟踪产品的生产过程，监督和控制环境成本的发生，记录、统计、整理第一手成本数据资料，为成本控制考核提供依据；对环境成本的发生过程进行分析，发掘新的能够调整和改善环境成本水平的因素；协调各个成本责任中心的关系。事中控制是保证各责任中心进行有效成本控制的必要条件，也是企业各个层次目标实现的保障。事中控制过程中所得到的相关数据资料，为各责任中心的考核提供了依据，并为下一期的目标确定和计划安排做好准备。

事后控制是指企业在污染发生后设法予以清除和弥补的行为，这一过程中所发生的各种费用支出被列为环境成本。相对事前规划而言，事后控制是一种被动的管理控制方式。由于企业生产经营过程是固化的，现行的生产经营势必会发生环境污染，因而事后控制是成本控制的必要手段。

采用绿色生产流程进行环境成本全过程控制的前期投入较大，但是随着各类环保设备和设施的正常运转就可以将企业的环境故障成本逐渐降低到一个极低的水平，甚至为零，而且以后企业也无须追加太多环境控制支出，这样就可以使企业的环境总成本保持在较低的水平上，并且使企业自觉履行环保责任的程度达到最大。

(三) 构建企业环境成本控制中心

具有一定规模的企业，可在内部建立统一的环境成本控制中心。环境成本控制中心独立于企业各部门，从全局出发考虑问题，协调内部各部门的关系，对环境成本作出科学的规划；对各部门的环境行为进行监督，从整体上对环境成本实施控制；避免各部门各自为战的无效行为，促使各部门在顾全大局的基础上降低本部门内部环境成本；同时，控制中心对各部门环境成本控制实施情况保持监督和考核。

环境成本综合控制方法往往集中了多种控制方法，构成环境成本控制体系，然而，企业资源的有限性，必然限制环境成本控制的全程发挥。在企业有限的资源条件下，联系企业实际，紧抓关键控制，制定出符合企业自身情况，协调经济效益与环境保护，有助于企业可持续发展的环境成本控制的新思路、新方法，这也是环境成本控制领域的新突破。

三　企业环境成本控制方法的适用性分析

（一）价值链控制方法

内部价值链方法突破了传统环境成本控制只局限于生产领域的狭隘视野，进一步拓展到整个企业内部价值链上，因此运用其可增强对整条价值链和环境关系的理解，寻求降低环境成本的机会，促进价值链的持续改进和优化。

由于价值链不仅存在于企业内部，也存在于企业外部。从外部来看，企业只是价值链上的一个环节，可以利用价值链理论从企业外部进行环境成本控制。从企业的外部价值链角度出发，关注企业与价值链上下游企业在生产过程或市场之间可能的联系，实施环境成本控制的共生战略，在内外环境更加融洽、企业之间实现共生的过程中，达到降低企业环境成本的目的。

（二）产品生命周期控制方法

环境成本管理是为了减少对环境的负面影响而对产品进行设计、制造、维护和回收利用的措施。生命周期评估是改进产品环境成本管理的一种方法，是对产品（流程或作业）在整个生命周期的环境影响进行辨认并确定实现环境改进机会的综合性方法。生命周期环境成本评估强调生命周期评估中的环境成本因素，是通过对环境影响进行辨认并将环境影响货币化而对产品、生产线或工厂的生命周期环境成本进行评价的系统方法，可以用来作为评价减少生命周期环境成本和优化资源利用的方案。而生命周期环境成本计算就是对产品（或流程）在整个生命周期里的所有环境成本进行确认和计算的方法。其特点有：①生命周期成本法补充了传统成本法下未曾核算的全部内容，几乎涵盖了可能的成本的全部内容，保证了产品成本项目的完整性；②符合收入与费用相配比的原则；③生命周期成本法在成本的确认上打破了会计期间的限制，将不同会计期间的成本按产品成本目标聚合到一块，这可能会对会计实务的应用造成了操作上的困难；④生命周期成本法提出的负债性成本的概念不能为传统的财务会计所接受，因为负债性成本作为一种潜在的可能成本，在财务会计中只能作为负债而不构成成本项目，因此，它提出的成本计算框架不适合于财务会计。但可以把它作为风险因素考虑到成本计算中，为管理会计进行产品决策和成本控制所应用。

采用生命周期成本法归集和分配企业的环境成本是对作业成本法的补充和深化，对环境成本的作业成本分析不再局限于生产过程中所发生的环境成本，而是包括了原材料获取、流通、使用直至淘汰整个生命周期过程的环境成本，把分散或隐藏在传统会计系统中的环境成本数据进行了汇总，以此计算产品的赢利能力，使得产品成本信息更为准确完整，环境成本信息更具有可靠性。但是，在实际应用生命周期成本法时，其所需资料有时难以取得，或者难以保证资料的质量，如产品流通和使用过程中发生的环境成本。所以，在利用生命周期成本法进行企业环境成本计算和控制时，也可以截取其中的某一环节进行生命周期成本计算，待时机成熟后再扩大应用范围。

（三）作业成本控制方法

在传统的会计领域里，环境成本通常是归集在制造费用中，并采用某种简单的分配标准，如直接人工、机器工时等将其分配到不同的产品或过程中去。成本的发生与费用分配标准之间缺乏直接的因果关系，结果往往导致成本信息的扭曲，并且导致企业采取错误的决策，而采用作业成本法分配和计算企业环境成本具有以下特点。

（1）环境成本的起因比较复杂。例如，为了预防环境污染而付出的成本；企业因承担环境责任而付出的代价；为了使自己的产品具有优于其他同类产品的环保特色而付出的成本。采用作业成本法，通过对作业的追溯，可以找到引起环境成本发生的真正原因，使环境成本能归属到真正的主体上。

（2）环境成本的发生额日益加大。通过作业成本法将成本合理分配给应该归属的产品，使产品的成本得到正确的核算是越来越多企业的要求。只有这样，才能分清哪种产品是赢利的，哪种产品是亏损的；哪种产品的成本还有下降的空间，哪种产品实际上应被淘汰。

（3）环境成本的发生时点不均衡。它往往具有突发性或一次性，如违反环境法律法规受到的罚款、环保设施的投资等。利用作业成本法，可以通过预测作业的发生来预测环境成本的发生及数额，同时，还可以通过对作业的分析将成本合理分配到不同的会计期间，正确核算企业收益。

（4）售后成本日益增加。例如，产品在使用过程中造成的污染及产品在处置时造成的污染。为此，企业必须权衡是选择设计环保产品付出成本，还是在产品出售后的顾客使用过程中付出补偿成本。作业成本法可以提供比较精确的成本信息，使这种权衡变得更容易。

（5）分配方法比较合理。现行成本核算实践中，企业的环境成本作为一项间接费用被计入了制造费用账户或管理费用账户，有的甚至没有账户记录（如环境损害成本）。而作业成本法采用比较合理的方法分配单位间接费用。从间接费用分配的准确性上来讲，作业成本法计算的成本信息比较客观、真实和准确。例如，企业生产过程中发生的环境治理和预防费用，"三废"排放造成的环境污染等费用，可以根据生产过程中的环境成本动因更准确地对该类费用进行归集和分配。

尽管作业成本法提供了合理分配环境成本的标准——成本动因，但它未给出企业包括环境成本在内的企业总成本计算模式。有观点认为，作业并不一定与耗用资源的成本动因有关，因为有些资源具有共享性，很难与某一作业相联系。因此，可以说，作业成本法改变了具有广泛应用基础的制造成本法的成本计算基本框架，这使得它的推广应用遇到了很大的阻力。

综上所述，超前控制方法是环境成本控制中预防环境支出的主流控制方法，实时控制方法是环境成本控制不可或缺的中间环节，但是，二者均属于片面性控制，不能使环境成本控制深入企业整个运作系统中。因此，有必要构建一个综合各种控制方法优势、抵消其缺点，又能与企业整体运营框架相融合的环境成本控制体系。张蓉（2005）对几种常见的控制方法进行了比较，如表6-2所示。

表6-2　作业成本法、生命周期成本法和完全成本法的比较

计算方法	关注的成本类型	优点	局限性
作业成本法（ABC）	根据所完成的作业归集成本并将这些成本分配到产品或生产流程上。主要关注内部环境成本	应用范围较广泛，可用于成本计算、资本决策和业绩评价中，还可以和其他两种方法结合使用	对企业的成本会计系统的成熟度要求严格
生命周期成本法（LCC）	对产品或生产流程从原料获取、材料制造与加工、产品生产、产品使用流通或消费、再生循环到废弃的全过程的全部成本进行计算	（1）能增强产品的价值链上各个企业的合作，改善其与环境的关系，并能增强企业的环境形象（2）也可以不对整个公司进行分析，而只是截取其中的某一环节进行寿命周期成本计算，待时机成熟后再扩大应用范围	（1）与其他的方法的结合度不够，是一种相对独立的计算方法（2）对寿命周期成本进行管理，实质上是综合考虑产品寿命周期内在产品设计、开发、生产和售后服务等各个阶段的全部成本，包括直接和间接成本，可以使企业关注产品整个流程，以实现长期的竞争优势。可见，寿命周期成本计算将成本计量的会计主体和会计期间都扩大了。但是，其所需资料有时难以取得，或者难以保证资料的质量

续表

计算方法	关注的成本类型	优点	局限性
完全成本法（FCA）	是一种全成本的思路，计算整个内外部环境成本	考虑到了外部环境成本的计算，这样对企业长期资本预算等战略决策更为适用；还可以结合作业成本法和生命周期成本法	我国《企业会计准则》规定，除个别行业使用完全成本法计算成本外，其余均采用制造成本法计算本企业的成本，因而我国运用完全成本法计算环境成本暂时还不成熟

第七章 企业环境成本控制持续优化框架

实现企业环境成本优化需要解决两方面的问题：一是解决社会环境成本与企业环境成本之间分配的问题；二是解决企业本身的环境成本最小化的问题。

第一节 企业环境成本控制持续优化设计

一 企业环境成本优化分配及影响因素

(一) 企业环境成本优化分配

企业与社会承担环境成本的比例失调是导致环境被快速而严重破坏的主要原因。一直以来，企业对环境破坏所产生的成本中的大部分都由社会来承担，而企业只承担了其中的很少一部分。因此，从成本收益的角度来看，理性的企业一般都会选择利润而无视环境破坏。其原因有两个方面，一是经济发展一直是国家和地方管理层的主要目标。环境污染的危害逐渐凸现，但"边发展边治理"的指导思想一直占主导地位。二是由于计量技术的落后，会计系统尚不能及时记录企业对环境破坏的影响，也就无法报告出环境成本。因此，解决这个难题的核心是有效解决企业环境成本的计量与分配问题，本书提出使用资源损失来计量隐性环境成本有可能成为有效的方法之一。

在实际企业经营过程中，具体区分环境成本中哪些由企业承担，哪些由社会承担是非常困难的。但如果从另一个角度来看，企业对环境破坏的根本原因是由于企业对资源特别是能源的利用不足或者称为不充分利用所致，也就是说，假如把企业看做一个"中间体"，对外净排放出废弃物数量应和企业应承担的环境成本成正比，因此，本书提出用"资源损失"的概念来衡量企业应承担的环境成本，让企业承担它应当承担的成本就是实现环境成本的优化，通过企业内部环境控制和外部政府环境控制可以达到总环境成本的最小化，从而实现环境成本分配的优化。

降低环境总成本的途径有：一是直接减少企业的排污总量，使得社会环境成本和企业环境成本都减少，这样可以减低环境总成本。该方式是目前普遍使用的方法，一般通过法律或者监督的方式减少污染总量，从而达到环境控制的目的。二是优化社会环境成本和企业环境成本的负担比例，间接减少环境总成本。由于环境的公共产品的性质和会计准则的局限性，社会承担了环境总成本的大部分，而企业却只承担了很少的一部分。企业在这样的状况下，即使面临着日益加剧的外部监管也仍然没有动力去减少环境污染。若想更进一步控制污染，内部的环境控制非常重要，而环境成本会计控制则可以对环境成本进行优化来达到最小化环境总成本的目的。

（二）企业环境成本控制优化的因素

通过环境成本会计控制的设计，能够将环境总成本在社会与企业之间进行合理分配，让企业承担应该承担的环境成本是实施环境控制的关键，也是企业进行主动环境控制的激励机制。对企业而言，环境成本由两部分构成，第一部分是现有会计系统可以准确计量的成本，可以称之为显性成本，一般包括资源费、排污费、绿化费、ISO 认证费用及环保固定资产的折旧费等。一般来说，这些费用中，有一些费用月份间变化较小，如环保固定资产折旧、绿化费与 ISO 认证费用。从控制的角度来看，这些费用不应成为控制重点，原因是这些费用与企业日常环境行为并不相关，除非企业发生环保设备的购置。但资源费、排污费则和企业的环境行为高度相关，特别是和企业资源损失成正比，资源损失越大，则资源费和排污费就越大。第二部分环境成本是现有会计系统无法进行确认和计量的成本，可以称之为隐性成本。在会计上无法即时确认，但并不意味着在会计期末无法确认。因此，可以采用下列方法进行计算，即环境成本 = k ×资源损失。可见，影响隐性环境成本的因素有两个：一是资源损失；二是单位资源损失的成本 k，也称为转换系数。

政府间气候变化专门委员会（IPCC）提出了一个概念"全球变暖影响潜值"（global warming potential），用导致全球变暖的物质（CO_2）作为参照基准对其他物质的全球变暖影响潜值加以标准化，将导致全球变暖的物质排放量乘以其全球变暖影响潜值，然后相加得到对全球变暖影响总数。这个全球变暖影响潜值就是转换系数，如甲烷的全球变暖影响潜值是 21，即 1 千克的甲烷相当于 21 千克的二氧化碳。又如生产一定数量的企业所购能量需要耗费多少矿物能源（初级能源投入）可以用生命周期评估数据来进行估算。这些数据会因国家和地区而有所差异。以欧洲初级能源要求为例，购买能够产生 1 千瓦时的煤，相当于不可再生初级能源投入1.2 千瓦时。这个1.2 就是转换系数，每个国家和地区都可以制定一张转换系数表。同样，本书提出的转换系数 k 类似于全球变暖影响潜值这样的系数，只不过是把一个价值量转换为另一个价值量而已。由于 k 在同一个行业同一个地区是相同的，因此，取决于某个地区、某个行业、某个具体企业的隐性环境成本是企业的资源损失，控制好企业的资源损失就能够较好地控制环境成本。

环境成本优化的过程就是环境成本会计控制的过程，对于多数企业而言，把环境成本降低到零几乎是不可能的，但把环境成本逐步降低则是可能的。通过持续改进把环境成本保持在一个较低水平，对企业来说环境控制就取得了较好的效果。纵观环境成本的构成，降低资源损失是持续降低环境成本的关键。

◼ 二 企业环境成本控制持续优化内容体系

从持续改进的角度，环境成本又可以分为预防成本、检测成本、内部故障成本和外部故障成本四种。

（1）环境预防成本。环境预防成本指因采取预防环境污染的作业而耗费的成本。预防作业包括运用污染控制的设备、设计防止污染物的流程和产品、对员工进行培训、评估环境风险及影响、开发环境管理系统等。

（2）环境检测成本。环境检测成本指公司为了产品、流程及其他作业与环境标准相一致而执行的作业成本。检测作业主要包括计量污染程度、检查产品、流程和作业是否与环境标准相一致、进行污染检测等。

（3）环境内部故障成本。环境内部故障成本指防止污染物排放到外部环境中而执行的作业的成本。内部故障作业的目的是防止污染物排放，或污染排放符合环境标准。内部故障作业包括操作与保养消除污染的设备、处理有毒材料、对废料进行循环利用。

（4）环境外部故障成本。外部故障成本又可划分为已实现的和未实现的故障成本两类。已实现的外部故障成本是已发生的并由公司支付的成本，如对污染物的清理、涉及利益相关者的法律诉讼等。未实现的外部故障的成本（社会成本）是指由公司造成、但由公司以外的当事人引发并支付的成本，即使是由公司造成的环境污染，这些成本也由外部人而非公司承担。从环境成本的内容可以看出，若增加对预防作业和检测作业的投资，可以降低环境成本，企业应构建一个环境成本控制的持续改进框架体系，如图7-1所示。

该框架体系的重点应放在预防和检测两个环节，至少应考虑以下五种核心目标：①节约原材料或天然材料；②使用最小量的危险材料；③在产品的生产过程中节约能源；④尽可能治理固体、液体和气体污染物的排放；⑤加大再利用的机会。上述目标中，有两个环境目标与原材料和能源有关：第一，不能使用超过绝对需要的能源和原料（能源保护问题）；第二，应该寻找能减少环境危害的原料和能源（有害物质问题）。这样的作业一方面实现了环境绩效，另一方面也节约了能源和原料，降低了环境成本，有效地节约了危险材料的使用，也进一步控制了环境预防成本，是环境绩效和环境成本管理的互补，从而提高

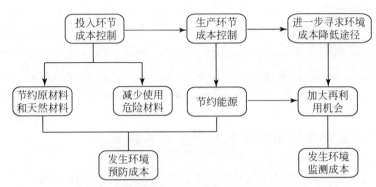

图 7-1　环境成本控制的持续优化内容体系

了生态效率。第四个核心目标可以通过两种方法实现：一旦产出残留物，就采用技术方法或其他方法防止其排放；确定造成残留物的根本原因，然后通过重新设计产品、流程消除这些原因，从而避免残留物产生。该方法类似于通过检查和返工的方法实现产品质量，也就是通过内部故障成本来实现环境绩效。第五个目标强调通过再利用不可再生资源的方法，保护不可再生资源。回收利用减少了对额外原材料提取的需求，通过减少终端用户对废物处理的需求，减少环境恶化，从而降低外部故障成本。

三 企业环境成本控制的持续优化方法

（一）资源投入控制

资源投入控制是从资源进入企业之前进行的控制，也就是指材料及能源采购过程中的控制。其控制的重点在于资源的选用和定额管理，尽量减少资源使用中的损失。

1. 资源的选用

资源的选用，特别是能源的选用，一定力求节能环保。在资源的选用方面，如有若干种替代资源的情况下，首先要选用可再生资源，虽然可再生资源的成本会高一些，但这样资源的选用可以有效减少资源损失，进而减少企业的环境成本。在实际操作过程中，资源选用应成为一种目标导向，即使是在企业目前对资源的选择面还较小的情况下。不过，对资源更换的目标可以起到导向作用，一旦有机会应立即更换，这种机会可能来自于整个行业的技术创新，也可能来自于企业的研发创新。因此，从源头上对资源损失进行控制是至关重要的，在这一点上，企业应结合环境战略对资源的选用和更新建立起有效的规划。

2. 资源投入的日常控制

在资源投入的更新规划还不能很快实施的情况下，日常的资源投入控制就成为最为关键的控制途径。日常控制应关注两个方面：一是资源投入量；二是资源投入结构。投入量上主要是采用定额用量来进行控制，根据历史数据，对投入资源的用量进行定额制定。在定额制定前，需要对企业投入的所有资源进行分类，筛选出主要资源成为主要控制对象，其他资源进行一般控制。在定额制定完成之后，实施过程中应记录所有与定额完成情况的原始记录，并计算出脱离定额差异，主要是从总量的角度进行分析。在扣除产量变化等因素后，分析投入资源总量的变化，并分析产生这种变化的原因，为下一轮循环资源投入定额的制定提供有力帮助。

投入量控制是从总量的角度进行控制的，但另外一种控制也是非常重要的，那就是资源构成结构的控制。资源构成结构控制主要是一次性能源在总资源投入总量中的比重，并设置目标比例作为参照标准，进而评价资源配置的合理性。在投入总量难有压缩空间的情况下，进行结构控制是可以选择的主要控制点。

结构性控制的主要控制点是能源中污染较为严重或者使用中流失较为严重的资源。因此，在总量和结构的共同控制下，可以达到较为满意的控制效果。生产过程会计控制是指对资源进入企业到退出之前全部过程的会计控制，对生产过程进行环境控制是实现企业环境战略的决定性因素，也是把环境控制理想变成现实的重要途径。

由于企业的生产流程较为复杂，把每种产品的生产过程都划分为若干个作业进行具体控制是不可能的，但可以将所有产品的生产流程划分为若干个作业中心。进行作业中心的划分主要是方便对企业的整个生产过程中的资源损失情况进行有效记录和控制。在资源损失的过程控制中，基于作业中心的资源损失计量是必须解决的问题。对于作业中心来讲，它是整个企业生产过程的细分，因此，基于作业中心的资源损失计算与整个企业资源损失计算的方法是一致的，只是把计算的范围缩小而已。实际计算过程中，较难解决的问题是作业中心之间的资源划分问题，特别是资源后续投入的计量，往往难以进行划分。解决该问题应采用实质重于形式的原则，把作业中心划分得尽量独立，彼此交叉要少。当资源进入企业之后，如无后续资源的投入，其总量已经不能构成控制的重点，控制的重点应转向资源使用效率。

(二) 产出控制

所谓产出控制，是指物质流出企业时对资源损失的控制，即"末端控制"。产出控制是在做好资源投入控制与生产过程控制的基础上对资源损失控制的最后一个关口，其控制效果的好坏主要取决于前边两个控制的绩效，否则，即使最优秀的产出控制也难以纠正前端控制的失控。但如果前端控制较好，加强末端控制可以起到更好的控制效果。产出控制的主要目标是从企业排放出的有毒物质最小化，实现该目标的方式有两种，一是对企业排放物进行净化处理，使得排放到企业外面的有害物质最小。采用这种方法需要企业采用较为先进的净化技术或者购买价值较大的排污净化设备。二是使用循环技术把排放物进行最大化的利用，进行二次循环使用。循环利用控制是末端控制中最为彻底一种方式，原因是循环利用控制不但可以最小化对外排放的污染物，还可以产生经济效益。循环利用控制包括两种模式：一是全部回收模式；二是部分回收模式。全部回收模式是指每个循环过后，资源损失全部被回收，重新投入生产过程。该模式是最为理想的控制模式，企业不但可以将资源充分利用，而且可将对环境的影响减少到最小。同理，会计在部分回收中要起到的作用是对追加成本和净化成本的准确计量，为企业提供决策依据，这些决策包括部分回收的比例、净化设备的购置及排污措施的实施。

(三) 会计科目设置

在会计上对资源损失如何进行核算是进行会计控制的基础，但对资源损失的核算和传统的会计核算还不完全相同，资源损失的核算不会涉及企业拥有财产的情况，也不会对企业的财务业绩有所影响。传统意义上的成本核算都是根据实际发生的业绩用"生产成本"等账户进行归集和分配，然后在完工产品和在产品之间分配，最后得出完工产品的成本。但这样的核算方式只适用于显性环境成本的核算，如环保设备的购置、环境事件的诉讼费与罚款、ISO 认证费用等，而更大的部分环境成本则在这样的核算方式下无法进行，如由资源损失引起的环境成本。对于资源损失的核算有部分会涉及传统的会计核算，也有部分要在期末进行计算得到。

对于资源损失的核算设置的一级科目有两个，分别是"资源损失"和"环境成本"。资源损失科目借方核算企业生产经营全过程的资源损失，贷方在期末结转到环境成本科目，因此，资源损失科目是中间科目，期末余额为零。在资源损失科目下设若干二级科目，分别为"资源损失—投入""资源损失—产出"，以及按照生产过程划分的作业中心设置的"资源损失—作业中心"。环境成本科目的借方核算两部分的内容：一是根据企业具体业务核算的显性环境成本；二是从资源损失账户贷方结转过来的隐性环境成本。在具体核算上设置二级科目，分别为"环境成本—显性成本"和"环境成本—隐性成本"，具体核算环境成本中的显性成本和隐性成本。

在资源投入阶段，应区分投入资源对环境污染的性质，分为污染资源和无污染资源。污染资源是指一旦流失就造成环境污染的资源，一般包括企业所采用的一次性能源和部分原材料。而无污染资源是指不可能造成环境破坏的资源，这些资源包括人力资源、固定资产、新型材料与能源。资源投入阶段的控制主要是对污染资源的控制，应建立资源投入的标准定额，并分析使用资源的差异。但需要注意的是，这种差异应体现在数量的差异上，价格差异并不成为差异分析的重点。具体数量差异计算方法为

$$数量差异=（实际数量-标准数量）×标准价格$$

具体账务处理为

借：生产成本材料用量差异

　　贷：原材料（或燃料）

　　　　材料价格差异

期末应汇总产生的材料或者燃料的用量差异，重点分析产生用量差异的原因，并给出具体解决措施。在生产过程中，结合已经划分好的作业中心，月末计算作业中心的本期投入资源总额和月末资源余额，两者差额就是本作业中心的资源损失额。需要注意的是，为了便于计算环境成本，资源损失的计算采用数量金额形式，计算出资源损失之后换算成环境成本，并进行账务处理。由于资源损失与环境成本在计算方法上相差一个 k 系数，因此，在结转时会产生的一个差异，称之为"环境成本差异"，其计算公式为

$$环境成本差异=资源损失×（k-1）$$

具体账务处理为

借：环境成本—隐性成本

　　贷：资源损失

　　　　环境成本差异

在产出控制阶段，主要集中于两个方面的业务处理：一是净化业务处理，另一个是资源损失回收核算。对于净化业务处理，一方面增加了企业的环境成本，另一方面耗费了一定的人力、物力和财力，一般的处理模式为

借：环境成本—显性成本

　　贷：原材料

　　　　应付职工薪酬

　　　　累计折旧

对资源损失回收的核算主要集中于资源损失回收技术或者说是回收措施所发生的额外成本，账务处理类似于净化业务处理。至于进行重新生产投入的料、工、费已经纳入传统的成本会计处理的范畴，在此不再赘述。

第二节 基于价值链理论企业环境成本持续优化控制

一 价值链基本理论

传统的价值链观点是由美国学者迈克尔·波特于 1985 年在他的专著《竞争优势》一书中首次提出的。他认为，"每一个企业都是用来进行设计、生产、营销、交货及对产品起辅助作用的各种活动的集合。所有这些活动可以用一个价值链来表明"。其中，价值链的主要观点如下。

（1）价值链列示了总的价值。价值是指"买方愿意为企业提供给他们的产品所支付的价格"，根据这个定义，价值可以用总收入来衡量，即用价格与产品销售数量的乘积来反映总的价值。

（2）价值链分为相互联系的两个方面：一方面是利润，另一方面是价值活动。其中，利润是指"总价值与从事各种价值活动的总成本之差"；价值活动是指"企业所从事的物质上的和技术上的界限分明的各项活动。它们是企业创造对买方有价值产品的基石"。

（3）价值活动可以分为基本活动和辅助活动两大类，共九种。其中，内部后勤、生产经营、外部后勤、市场销售、服务属于基本活动；企业基础设施、人力资源管理、技术开发、采购属于辅助活动。通过把这些活动进行最优化和协调一致，并采取与竞争对手不同的价值链，可以带来竞争优势。

（4）价值链上既有增值活动，也有非增值活动。剔除非增值活动可以优化价值链。但由于价值活动间联系的存在，权衡成本与收益，非增值活动也有存在的必要。

（5）联系不仅存在于企业内部价值活动之间，企业价值链与供应商和渠道的价值链之间，也存在着纵向联系。可以通过影响供应商或渠道各种活动的方式，来影响企业活动的成本或效益，反之亦然。

（6）运用价值链这一基本工具可以进行成本分析。每种价值活动都有自己的成本结构，其成本行为有可能受到企业内外活动之间相互关系的影响。通过考察这些活动的成本结构，取得相对低于竞争对手的累计成本，就可以获取成本优势。

波特的价值链较偏重于以单个企业的观点来分析企业价值活动、企业与供应商和顾客可能的连接，以及企业从中获得的竞争优势。约翰·桑科（John Shank）和威·哥萨达拉加（V. Govindarajan）于 1993 年所描述的价值链比波特的范围更广一些。他们认为，任何企业都应该将自身的价值链放入整个行业的价值链中去考虑、审视。它包括从最初的供应商所需的原材料直到将最终产品送到用户的全过程。同时，企业必须对居于价值链相同或相近位置的竞争者进行充分的分析，并且制定出能保证企业保持和增强竞争优势的合理战略，这种战略将会对企业的成本管理模式的建立产生重大影响，由此他们将价值链分析转化为管理层的决策分析工具——战略成本管理会计。

皮特·亨斯（Peter Hines）在波特价值链研究的基础上，对价值链也重新进行了定义，他认为，首先，价值链是"集成物料价值的运输线"。与传统观点相比，主要差别是亨斯的价值链与传统价值链作用的方向相反，亨斯所定义的价值链把顾客对产品的需求作为生产过程的终点，把利润作为满足这一目的的副产品，而波特所定义的价值链只停留于把利润作为主要目标。其次，亨斯把原材料供应商和顾客纳入他的价值链，这意味着任何产品价值链的每一个成员在不同的阶段包含不同的企业，这不同于波特的分析，波特的价值链只包含那些与企业直接相关或直接影响的成员。再次，基本活动交叉功能（如技术开发、生产作业和市场等之间）存在区别，亨斯的价值活动沿着价值链的流程比较合理地建立，而不只是存在于生产作业中。最后，亨斯的辅助活动包含信息技术的运用，与这部分相关的利润也被看做是有效完成这一过程的副产品（迟晓英和宣国良，2002；夏颖，2006）。

二　价值链思想与企业环境成本控制的契合

价值链思想是一种分析和管理工具，以价值链为基础进行管理往往在形式上表现为对价值链的管理。

（一）战略思想的契合

战略思想的契合主要体现在两者均是从战略的角度分析问题。以价值链为基础进行管理，突破了企业内部管理的狭隘视角，目光向前延伸到了供应商，以及供应商的供应商，向后则延伸到了购买商，直至最终客户。从这种纵向的角度来看，企业管理活动被大大拓展了，这种被拓展的动因，来自于企业管理当局管理思想的转变，他们认识到企业是在相互联系中求得生存和发展，以往那种只着眼于企业自身的观点，使企业的行为处于一种被动的状态，而这种以价值链为基础的管理，更好地协调了企业与上下游企业之间的关系，主动地与上下游企业进行协调，使企业能够更好地获得长期的战略发展。至于企业环境成本控制，它是以可持续发展战略为基础，属于战略成本管理的一个部分，它需要拓宽成本控制的空间范围，从单纯地关注企业内部环境成本，延伸到企业外部环境成本；同时它需要拓宽成本控制的时间范围，不仅关注目前环境成本的发生，还要关注将来环境成本发生的可能性。所以对待环境成本的战略控制，需要一种目光长远的方法达到与之配合的目的，价值链理论满足了这种需要，能够引导管理层确定正确的发展战略，两者在长期的战略管理思想上达到了契合。

（二）价值增值目的的契合

价值链分析过程中的一个重要步骤是辨认企业的增值活动和非增值活动。由于活动会消耗资源，资源的消耗会转化为成本，增值活动需要弥补成本，非增值活动也需要弥补成本。但由于非增值活动不产生价值，那么它所耗费的成本就需要由增值活动产生的价值来弥补，差额就是企业的利润，最终形成企业的价值。因此，非增值活动的成本会减少企业的价值，进行价值链分析和对之进行管理的目的，就是剔除非增值活动，增加企业价值。企业环境成本控制也是基于同样的增加企业价值的目的。企业环境成本属于企业成本的一个重要组成部分，利用价值链分析和对价值链管理剔除价值链中非增值活动的环境成本，实现企业经济业绩和环境业绩最大化，对人类和环境危害最小化，达到企业和社会可持续发展的目的。由于价值链和企业环境成本控制在这两个方面达到了契合，运用价值链思想进行环境成本控制时，价值链就成为贯穿企业的一条"绿色生命链"。

三 基于价值链企业环境成本控制持续优化内容

由于价值链分析可以识别和利用企业的内部和外部联系，同时价值链理论把企业的视野从内部拓展到了企业外部，因此，基于价值链的企业环境成本控制内容也应该包括两个方面：内部价值链的企业环境成本控制和外部价值链的企业环境成本控制。由于企业对内部价值链控制具有主动性，因此，本书仅从内部价值链角度研究企业环境成本持续优化的内容。

（一）持续优化的分析工具

从价值链角度对企业环境成本进行内部控制，主要是沿着产品的生命周期来进行的，也就是从产品设计、原材料采购、产品生产到销售的整个流程，这个流程正好与企业的内部价值链相吻合。在利用内部价值链对企业环境成本控制时就需要一种分析工具，对这个流程所产生的环境成本进行分析，以达到对其辨认和控制的目的，生命周期评估就是这么一种方法。

生命周期评估是指一个用于评价与某一产品、过程或作业相关的环境负担的目标过程。这个过程通过辨认、量化能源和材料的使用及对环境的释放来完成，然后用得来的数据评价能源和材料对环境的释放所产生的影响，并且评价、实施能获取的环境改进机会。生命周期评估包括产品、过程或作业的整个生命周期：原材料的获取和加工、生产、运输和销售；使用、再使用和维护、回收及最后的处置。

除了被称为生命周期评估以外，许多资料还把它称为生命周期分析。生命周期成本法一般包括三个阶段：第一阶段是生命周期存货分析（inventory analysis），在这个阶段对生命周期过程中所有投入的资源和排放出的废物进行辨认和描述。第二阶段是生命周期影响分析（impact analysis），是指对第一阶段所辨认的因素，进行人类和其他生态影响的分析，并进行可能的量化与评估。第三阶段就是生命周期改进分析（improvement analysis），这种分析通过产品和过程的再设计等各种手段，尽量减少、改进或消除所辨认的环境影响。生命周期评估的三个阶段是相互联系的，并且生命周期评估的整个过程不是一种静止的实践过程，而是相互作用的、动态的过程，它的发展能反映出对价值活动影响的理解。

由此可见，在产品生命周期分析与评价基础上确定的企业内部价值链，可以看做相互联系的价值活动的结合体，每一种价值活动与环境成本都存在密切的关系。因此，从每种价值活动出发，对相关的环境成本进行控制，有着重要的意义：它可以明确企业各项活动对于环境成本控制业绩的贡献；可以了解企业内部价值链各环节之间的联系，以及企业与客户、供应商之间的价值联系；它可以为企业环境成本控制提供切实可行的操作步骤。因此，本书从产品的生命周期出发，以内部价值链为依托，充分考虑企业与上下游企业之间的联系，和企业在纵向价值链上的地位，确定了影响企业环境成本大小的最主要的四类价值活动——设计活动、采购活动、生产活动和销售活动。这四种价值活动共同作用，对最终的环境成本产生可持续的影响。

（二）设计活动的持续优化

1. 设计活动与环境成本的关系

设计活动是环境成本产生的源头，就是一个将人的某种目的和需要转换为一个具体的物理形式或工具的过程。设计活动在波特的价值链分析中，仅是作为一种辅助活动列示的，从企业环境成本控制来说，在这个过程中虽然不会产生大量的环境成本，但是从整个企业内部价值链上的价值活动之间的关系来看，其在很大程度上决定了其他活动对环境成本大小的影响：一是它会影响所采购材料的种类，是有利于环境的材料，还是严重危害性的材料，这会影响到企业销售后顾客的使用成本，也是决定相关环境或有负债产生的关键因素；二是它会影响生产所需材料的数量，如在设计产品时决定材料的循环使用，可大大减少材料的投入量；三是设计活动还会影响产品生产过程中废物的排放量，如果企业在设计过程中就对其生产工艺进行了"绿化"处理，就会大大减少企业日后的治理污染的费用。因此，设计活动在很大程度上决定了产品原材料的选择，制造工艺与过程、使用和服务，回收再利用和废弃等生命周期阶段的环境成本与经济代价，产品生命周期中的环境成本大部分是由设计阶段所决定的，约占80%左右。另外，设计活动所确定的产品类型——"绿色"还是非"绿色"，决定了企业在市场上的竞争地位，能否赢得消费者的偏好，给企业带来相对于竞争对手的超额利润。因此，设计活动是进行环境成本控制的源头。

2. 设计活动的绿色生态思想

生态设计是指利用生态学思想，在产品开发阶段综合考虑与产品相关的生态环境问题，将保护环境、人类健康和安全意识有机地融入设计方法中。它与传统设计理念截然不同，它不仅关注产品的生产成本和产品类型，而且关注整个产品生命周期的环境成本，即从原料采购、产品生产、产成品的配送及服务到最后废物的回收的全部步骤所发生的环境成本，实现企业与用户经济效益最大化和生命周期环境损害的最小化，主动地适应外部环保法规和企业战略管理的需要。因此，采用生态设计是控制价值链上的环境成本、增加企业价值的一种重要的措施。

例如，柯达公司的可回收相机设计。柯达公司于20世纪80年代后期开发了一种价格低廉、拍完就可扔掉的照相机，引起了环保主义者的极大不满，严重损害了该公司的公众形象，使环境成本中的形象成本大为上升。为了改变这种状态，1990年年底，柯达公司则重新进行了设计，这次他们在设计时就考虑了资源的回收利用，所以每个新相机的86%的组成部分都采用的是回收材料。同时他们还把一次性使用相机的零部件标上了不同的颜色，将其中可重复使用的部件拆卸下来，用来制造新的相机，而其他的则被压成小碎粒并重新制成新的部件。据估计，在引进这种新产品之后，该公司回收了500万台相机，这些回收的部件为相机的生产提供了700 000吨原材料。目前，这种相机已成为柯达公司销量增长最快、利润最高的产品，仅1993年的销量就达3000万台。这样，达到了环境成本的削减和公司价值增加的双重目的。

再如，摩托罗拉公司的生态设计。摩托罗拉公司是天津开发区最大的外商投资企业，该公司使用生态设计作为最重要的环境成本管理工具之一，关注产品各个层面的环境影响、流程设计，做到产品生命周期对环境影响的最小化，减少废物产生和节省废物处理费用。其在手机生产厂还成功地开展了包装材料的减量化设计，如将废纸箱加工后作为包装填充物来取代泡沫塑料，缩小包装尺寸，提高包装盒利用率；又如防静电包装袋价格较为昂贵，生产厂已经做到将静电包装袋收集清洗，经检测合格后返回给中游企业再度利用，实现固体废弃物减量化。

（三）采购活动的持续优化

1. 采购活动与环境成本的关系

采购活动是指从供应企业获取材料，以满足生产产品或者提供服务的需要。同时一个采购活动又可以具体分为一些子活动，如选择供应商、制定采购量、材料循环、储存、保管等，因此采购活动是价值链上的关键环节，采购部门与提供产品和服务的公司建立了企业之间的联系，直接影响企业的环境绩效。企业一般在设计方案定下之后，就要进行采购，尽管在设计活动阶段，企业应持有"生态"的观念，但并不是说，之后就可以完全采用"生态"的材料，尤其是对某些化工企业来说，这几乎是不可能的，每一种化工原料都极易对周围环境造成污染，对人的身心造成伤害，不适当的采购活动会造成大量的运输包装费，还有储存保管和处置成本。因此，通过综合考虑各个子活动对环境的影响，改进采购活动，可以达到减少相关环境成本、增加企业价值的目的。例如，通过及时和精确的材料追踪和报告系统，能够减少危险材料的使用；通过化学服务合作关系，可以减少溶剂、颜料和其他化学材料的使用和废弃。此外，还可以显著降低废弃物、材料损失相关的成本，以及一些与危险材料有关的人员培训费和材料处置成本。

2. 采购活动中的生态思想

1998 年 Carter 把"绿色采购"定义为"采购部门参与到废物减量、再循环、再使用和材料替代的行为"。2001 年 Zsidisin 和 Siferd 也给"绿色采购"下了定义："一个公司的绿色采购是针对自然环境相关问题制定的一系列方针、采取的一系列行动和形成的相应关系，相关问题涉及原材料的获取，包括供应商的选择、评估和开发、供应商的运营、内向分发、包装、再循环、再使用，减少资源使用及公司产品的最后处置。"（朱庆华，2004）对比来看，两者是从不同的角度来定义"绿色采购"的，前者是以减少环境成本为核心来界定采购部门的活动；而后者是指在采购中融入了生态思想。本书认为，两种定义都是从材料采购的环境问题出发的，但相比之下，后者的含义更加丰富，延伸到了产品处置阶段。

例如，美国公众服务电气公司（Public Service Electric and Gas Company）为了达到维护、修理和运作（MRO）材料的目的，对购买和储存过程进行了流线化设计，改变了存货储存程序，统一了材料储存的地方，并且要求供应商坚持严格的材料回收政策，在 1997 年，环境成本节约超过了 200 万美元。这种改变明显地减少了废弃颜料和其他材料的处置，减少了存货储存空间的要求，并且降低了运输成本，以前这些成本都是隐藏在管理费用中的。另外，美国的通用汽车（GM）公司发起了一项生态效率包装活动，建立了一种模板和容器再使用项目。目前，GM 公司已经成功地转向再使用循环包装系统，1987～1992 年减少了 1200 万美元的处置成本；此外，再使用容器能减少固体废物，减少在运输过程中的产品损失，消除了人类工程和安全问题。

再如，Andersen 公司是美国的一家门窗制造商，通过修改经济定货量公式对环境成本进行控制。

传统的经济定货量公式为

$$Q = (2DS/HC)^{1/2}$$

式中，Q 为经济定货量（单位）；D 为每年材料需要量（单位）；S 为每次订购的取得成本（美元）；H 为存货持有成本率，通常为 10%～35%；C 为每单位存货项目的成本（美元/单位）。

其中，存货持有成本，是指维护存货的成本，主要包括资本成本、仓储成本、保险和其他相关费用。然而对于危险材料来说，由于需要处置，因此必须考虑处置成本。

（四）生产活动的持续优化

1. 生产活动与环境成本的关系

生产活动是将生产工艺和技术运用于各种材料，进行加工、制造的一个过程。它是企业内部价值链上最为主要的一项活动，直接后果是形成了可供销售的产成品。设计活动已经决定了大部分的环境成本，然而主要的环境成本都是在生产过程中产生的。例如，工业企业在生产过程中会排出大量的废水、废气、废渣，企业需要对其进行处理；同时，如果在这个活动中，没有很好的安全监控，造成有毒物质的外泄，会给工人的生命安全造成严重威胁，企业财产会受到严重损失；最后，生产过程还要面临不同生产工艺的选择问题，这也会影响企业的环境成本。因此，生产活动也是环境成本控制的重要价值活动。

2. 生产活动中的绿色生态思想

企业在生产活动中应采用"清洁生产"的策略，联合国环境规划署工业与环境规划中心指出，"对生产过程而言，清洁生产包括节约原材料和能源，淘汰有毒原材料并在全部排放物和废物离开生产过程以前减少它们的数量和毒性"。从定义中可以看出，清洁生产在满足企业需要的同时，又可合理使用自然资源和能源并保护环境，将废物减量化、资源化和无害化，或消灭于生产过程之中。因此，清洁生产除了在环境保护方面优于"尾端"治理以外，还体现在经济效益、投资回报、治污费用等方面，其成本大大低于"尾端"治理所需的费用，是从根本上减少环境成本的战略性选择。

例如，济南钢铁集团总公司积极创建节能清洁型工厂，吨钢综合耗新水由 214 立方米下降到 8.56 立方米，吨钢综合耗能由 1204 千克标准煤下降到 269 千克标准煤，保持了低成本竞争优势。山东华泰纸业集团股份有限公司，研制并实施了22项清洁生产方案。废水产生量削减了10%，废水中污染物量削减了15%，年增加经济效益约578万元。

（五）销售活动的持续优化

1. 销售活动与环境成本的关系

销售活动是企业内部价值链上的最后一个环节，在此，企业价值链与下游价值链实现对接，也是实现企业价值增值的最终途径。销售和采购是两个方向相反的价值活动，一个企业往往既是销售商，又是购买商，企业在采购时往往对供应商提出了适应自己环保需要的条件，同时，在销售产品的时候，它又面临了购买商的环保要求。并且，许多产品由于其特性，是在销售后、使用过程中才会对环境造成污染，如冰箱在使用过程中，排出的氟利昂对大气层中臭氧层的破坏，虽然这种污染表面上不需要企业支付费用进行治理，而由全社会负担，成为社会环境成本，但实质上，随着公众环保意识的加强，这种环境成本已经以消减企业利润的形式出现。

2. 销售活动中的绿色生态思想

销售活动过程中环境成本的控制主要体现在销售思想的转变上。企业应尊重购买商的价值，从购买者角度出发来分析问题。这样，企业环境成本的观念发生了变化，这种变化与价值链思想有关，从企业观发展到社会观，企业有了控制环境成本更大的动力。同时，"产品监管"与生态设计等管理方式一样，有着相似的本质，其定义是"在产品生命周期的每一个阶段，从设计开发到制造、分发、使用和处置，最小化产品的环境有害影响"。

例如，特勒斯研究所（Tellus Institute）是一个关注环境与资源问题的非营利性研究组织，在"产品监管"概念的指导下，它实施的化学战略伙伴计划（the chemical strategies partnership，CSP）重新定义了化学物质的出售和使用。这一计划寻求化学营销交易的转变，即从产品出售导向转为服务导向。例如，一个化学品供应企业不是向制造企业出售溶剂以清洁电路板，而是负责制造企业的清洗业务，对清洗运营的管理，制造企业以清洗电路板的数量支付费用。这样，供应企业就有积极性提高溶剂的使用效率，即用比较少的化学溶剂清洗更多的电路板。在一些行业，尤其是汽车制造企业，供应企业已经从开始出售化学物质转为提供服务。

再如，英国电讯和诺基亚在"产品监管"销售思想指导下，开发了两个先进的产品租赁回收计划。在第一个计划中，诺基亚再制造一些生产剩下的部件，如电话和私人配电系统的印刷电路板，以前英国电讯都是把这些部件租赁给客户的。通过再制造，英国电讯可以再租赁修理或者升级后的设备，而不是把它们丢掉。

在第二个计划中，英国电讯和诺基亚共同合作，利用多余的通信部件为第三方提供一个共同运营的再制造和再使用服务，这是一个比较新的计划。通过这两个计划，企业关注客户价值，同时也节约了企业自身环境资源成本的投入。

(六) 四种价值活动的整合分析

按照波特的观点，价值活动是构成竞争优势的基石，价值链并不是一些独立活动的集合，而是相互依存的活动构成的一个系统。因此，成本控制的起点是确定企业的价值链，然后把价值链分解为相互联系的价值活动。从以上对各个价值活动环境成本的控制来看，设计活动需要考虑后续采购活动中需要的材料、生产过程中可能的废物排放、销售活动废物的回收等；采购活动是按照设计产品所需的材料进行采购的，同时还要关注相关环境成本，以决定采购批量，对供应商的选择等；生产过程是按照设计活动所要求的步骤进行加工的，并优先选择清洁的生产工艺；销售活动是实现企业价值的终极环节，通过对购买者环境需求的考察分析，又反过来对设计活动、采购活动和生产活动产生反向作用。企业价值链上这四种活动的相互联系，为价值链的优化提供了可能。企业应进行"价值-成本"分析，开发和利用这些活动的内部联系，对价值链上各构成环节的价值增值能力进行仔细的研究，找出企业相对于竞争对手的优势，优化企业价值链管理，改变企业某些活动的安排，以达到降低环境成本，最大程度实现企业价值增值和满足客户要求的目的，使价值链成为企业生存与发展的一条"绿色生命链"。

第三节　企业环境成本控制持续优化的共生战略

一　企业环境成本控制共生战略的含义

1. 战略的含义

"战略"从历史上可以追溯到由 Julius Caesar 和 Alexauder 发展的军事学原理，在希腊语里"战略"一词是由 stratos 和 eg 构成的，其含义是指"将军指挥军队的艺术"。克劳塞维茨（Clausewitz）在其理论巨著《竞争论》中指出："战略是为了达到战争目的而对战术的运用。"（金占明，1999）韦伯斯特（Webster）大辞典对战略的解释是：战略对作为一个整体的组织来说是指首要的、普遍性的、持久重要的计划或行动方向（焦跃华，2001）。在管理领域，有关战略的定义数不胜数，其中，明茨博格（H. Mintzberg）对于战略定义有独特的认识，所包含的内容也最丰富。他归纳总结出人们对战略的五个定义，即战略是计划（plan）、计谋

(ploy)、模式（pattern）、定位（position）和观念（perspective）（杨锡怀，1999）。

2. 共生的含义

"共生"的概念源于生物进化理论，德国生物学家德贝里（Anton de Bary）在1979年指出，共生"指的是两种不同种属的生物生活在一起"（冯德连，2002）。根据共生双方的利益关系，共生可以分为：共栖、互利共生和偏利共生。其中，共栖是指两个物种之间均因对方的存在而获益，但双方亦独立生存；互利共生是指两个物种之间，均从对方获益，如一方不能生存，则另一方也不能生存，这种共生关系是永久性的，而且还具有义务性。偏利共生是指两个物种间，其中一种因联合生活而得益，但另一种也并未受害。目前，共生的含义已经大大地扩展，不管是在自然科学研究领域，还是在社会科学研究领域，都用到了这个概念。本书所指的共生，主要是指企业之间的工业共生，丹麦卡伦堡公司的《工业共生》一书中对工业共生的定义为："工业共生是指不同企业间的合作，通过这种合作，共同提高企业的生存能力和获利能力；同时，通过这种共生实现对资源的节约和环境保护。"在这里，这个词被用来说明相互利用副产品的工业合作关系。本书所研究的内容属于互利共生的范畴（王兆华和武春友，2002）。

3. 企业环境成本控制的共生战略

结合以上对相关含义的解释与分析，共生战略是指为了实现企业环境成本控制的目的，以价值链为基础而实施的专门化战略。这种战略突破了企业内部价值活动的范围，更加关心企业外部的价值活动，将价值链上的供应商、制造商、分销商直至最终的用户连成一个整体，从而在控制环境成本的过程中，形成互利的战略共生。可以从以下几个角度理解：一种计划；一种计谋；一种模式；一种定位；一种观念。

二 共生战略下企业环境成本控制方式

在价值链上，以企业为中心，立足于企业的共生战略，有三种环境成本控制的方式：环境成本的上游价值链控制、环境成本的下游价值链控制、上下游资源多极化利用控制。

1. 企业环境成本的上游价值链控制

（1）上游价值链与环境成本的关系。上游价值链与企业内部价值链在采购活动上得到衔接，上游企业主要是指供应企业，它们不仅为该企业提供原材料或者完成的产品，同时也提供运输、能源、包装和废物管理等服务。由于每一条价值链上都包含很多上游企业，每个上游企业都会对环境成本造成影响，从而造成严重影响该企业环境成本的结果。例如，上游企业生产产品如果不符合环保要求，会增加该企业使用过程中发生危险事故的可能性。不过在另一方面，每个上游供应企业都存在为该企业提供控制环境成本、提高环境绩效的潜在机会，如上游企业提供的绿色服务，可以减轻该企业废物处理的负担，降低废物处理成本、罚款甚至采购成本，与上游企业保持合作能够提高对产品质量的控制，减少不合规产品的产生与资源浪费。因此，有必要在环境成本控制过程中，对价值链上游给予足够的重视。

（2）上游价值链环境成本控制案例应用。伊莱利利（Eli Lilly）公司是一家全球性的制药公司，产品销往156个国家，拥有员工约29 000人。1996年，公司净销售额为74亿美元，净收入为15亿美元；平均每年研究与发展的开支为12亿美元，占销售额的16%。公司重视环境成本问题主要源于两个主要动机：开发正面环境声誉和遵守美国联邦法规。为了减少由于环境问题而给公司带来的负面影响，公司参加了一个由化学制造协会启动的"责任核心"环境计划，公司必须投标参加这个协会，因为成为这个组织的成员意味着对环境保护的承诺。同时，公司为获得食物和药品管理局的认证，也需要开展"良好的制造实践"，减少环境成本的产生。另外，遵守联邦法规对公司未来的可持续发展也非常重要。由于以上两个原因，该公司采取了一系列措施，与供应商合作控制环境成本。

第一，建立适合全球供应商的环境采购原则。公司开发了一个供应商选择问卷，包括各方面的条款，如技术和财务优势、质量系统和环境能力，公司对每个供应商的状况形成电子文件并加以维护。

第二，开展供应商环境审计。环境绩效是供应商选择的先决条件，在选择制造重化学品、特殊化学品或者日用化学品的供应商时，由环境事务和采购部门组成的质量保证小组对供应商进行环境审计。伊莱利利公司的供应商拥有ISO900247和ISO1400148认证，这对他们制造良好化学品的技术和资格都非常重要。所有的新供应商都需要经过审计，尤其是对重复采购情况的审计更为严格。

第三，公司大力提倡"环境增值"（environmental value-added，EVA）概念。这个概念要求必须对紧缺的资产进行系统评估。传统上，公司垂直一体化程度很高，由于产生了大量废物，因此需要建立废物处置设施。在新的环境增值理念下，大多数环境活动外包给供应商。例如，抗生素生产非常昂贵，但又不是一种资产密集型的活动，在环境增值原则下，公司决定由供应商为公司进行基本的开发工作，这样就把紧缺的资产分配到废物处理投资方面，并通过主要产品的收益对这种投资进行补偿。

第四，供应商提供减少环境成本的服务。例如，关于溶剂的清洁，在原始制造过程中，丙酮用于清洗离心分离器，由于收集滤出液所获得的过程废物不能用在任何其他场合，因此，在未来的环境管理系统中，伊莱利利公司要求供应商收集和清理滤出液，然后作为环境责任承诺的一部分再把溶剂运送到公司。

（3）上游价值链控制的措施。根据伊莱利利公司控制环境成本的案例，企业在上游价值链控制的过程中，共同采取了以下有效措施。

首先，对上游企业进行重新选择。在选择的过程中需要综合考虑社会市场因素、上游企业因素、本企业因素三个方面。在考虑自身因素时，主要是满足企业的环境标准和生产工艺等各个方面的要求；在考虑上游企业因素时，应关注上游企业目前在文化、服务和产品等方面能否达到企业自身环境成本控制的目的，同时也应了解上游企业能够发生的改进；社会因素是企业选择上游企业的一个未来标准，这个标准会对企业自身和上游企业都产生影响。

其次，与上游企业进行合作。如果上游企业对自己的状况比较了解，企业可以向所有进行合作的企业寻求建议，发现能够进行环境成本控制的措施，进行跨企业的沟通和企业之间跨部门的沟通。例如，对上游企业的环境管理或者其他核心商业问题提供指导，设计环保包装，如散装、可再使用和可再循环的包装；设计运输和处理路线，以回收和再循环/翻修末端生命周期的物品；对目前的产品和供应企业的产品进行生命周期影响评估；共同研究降低生命周期影响的替代材料、产品、设备和方法；对制造、维护、库存和其他的运营的环境政策、目标和管理系统等进行评估，以确定需要改进的领域；促进供应企业提供绿色服务，定期租赁办公器材或设备，由供应企业管理化学品、清洁品、实验设备、办公设备等库存。在与上游企业合作的过程中，还应该注意与合作伙伴签订条款和协议的问题，如节约的成本能否充分补偿每个合作伙伴的投入，是否需要为客户的附加服务或者参与支付费用等。

2. 企业环境成本的下游价值链控制

（1）下游价值链与环境成本的关系。下游价值链与企业内部价值链在销售活动上得到衔接。下游价值链对企业的环境成本产生影响，主要源于两个方面：第一，企业为下游企业或最终消费者提供完工的产品，然而，由于世界各国的环保法律存在把消费者使用产品产生废物的责任转移到生产企业的趋势，因此企业需要担负起下游价值链环境成本的一部分。例如，德国要求企业实行包装物双元回收体系，实行产品生产者责任延伸制度，其目的是在产品的生产和使用过程中尽量减少垃圾的产生，在使用后要尽可能重新利用或安全处置。又如，日本也于2000年颁布了《循环型社会形成推进基本法》，并相继实施了废弃物处理、资源有效利用、容器包装、家电、建筑材料、食品和汽车再生利用及PCB废弃物处置、特定产业废弃物处置等单项法律。这些都增加了企业对下游价值链环境成本控制的责任，因此，环境成本控制从消费领域向生产领域拓展。

第二，除了法律规定以外，下游价值链对环境成本的影响还体现在企业自身经济利益上。如果企业能充分回收下游价值链各环节排放的废弃物，并使这些回收后的废弃物再次参与资源利用的过程，变单程经济为循环经济，就能达到消除本企业和下游价值链所有节点企业的经济活动给自然界带来的负面影响，减少资源环境成本投入使用的目的。

（2）下游价值链环境成本控制案例应用。总部设在德国慕尼黑的宝马公司（BMW AG）是世界著名的汽车制造商，在与零件生产商和经销商网络合作控制环境成本的过程中，于1987年4月发起了一项回收接触反应装置的项目，以便再利用其中的珍贵金属成分。每个接触反应装置要用6盎司的铂和1盎司的铑来减少废气排放。当接触反应装置使用寿命终结时，可以再利用这些金属。下游经销商从顾客手中回收接触反应装置并给顾客们一定的补偿，然后把装置运到宝马公司的生产场地，在那里重新利用金属。美国的惠而浦（Whirlpool）公司是世界上主要的家用器具领先制造商和营销商。公司雇佣4万以上的工人，总部设在密歇根的本顿海港。1994年，公司总收入81亿美元，净利润3.3亿美元。该公司认真审视了自身所处的环境状态，认为有两个方面的因素要求公司必须对下游价值链进行环境成本控制。一个是法规方面的因素，由于惠而浦公司是一个跨国公司，必须遵守多个国家的法规要求。例如，欧洲法规要求制造商为客户免费处置包装，这就提示公司对固定烤炉开发可多次再使用的包装系统。另一个因素是下游价值链客户对惠而浦产品"环境友好"的关注，促使公司行为必须是环境友好的。例如，对已经有回收法规的国家，公司还把环境关注集中在废旧产品的回收和管理上。对此类业务，公司没有直接负责废旧产品的再循环，而是把再循环功能外包给其他公司。在美国，公司把业务外包给美国器具循环中心（Appliance Recycling Centers of America，ARCA），用能源使用效率高的模式，再循环、修理、再出售和替代旧冰箱。在欧洲，惠而浦公司把器具再循环外包给德国 Rethmann 公司，客户把器具返回给经销商，由经销商再把器具送到德国 Rethmann 公司，进行再循环。这样能有效地控制下游价值链所产生的环境成本。

（3）下游价值链控制的措施。下游价值链进行环境成本控制，最主要是进行废弃资源的回收。然而资源的回收不同于资源的购买，有自身的一些特性：一是分散性。废弃物可能产生于生产领域、流通领域或生活消费领域，涉及众多领域、多个部门和任何个人，在社会的每个角落都在日夜不停地发生。二是缓慢性。废弃物的回收往往数量少、种类多，只有在不断汇集的情况下才能形成较大的流动规模。废弃物的产生也往往不能立即满足人们的某些需要，它需要经过加工、改制等环节，甚至只能作为原料回收使用，这一系列过程的时间是较长的。同时，废弃物的收集和整理也是一个较复杂的过程。这一切都决定了废旧物资回收缓慢性这一特点。三是混杂性。由于不同种类、不同状况的废旧物资常常是混杂在一起的，回收的废弃物在开始时往往难以划分为哪一类，当回收产品经过检查、分类后，这种混杂性才逐渐衰退。四是多变性。由于废弃物的分散性及消费者对自由回收政策的滥用，企业很难控制废弃物的回收时间与空间，这就导致了多变性。因此，企业需要与下游企业合作，控制环境成本，实现战略共生。

首先，对下游企业进行重新选择。这种选择与对上游企业的选择相比，有相同和不同之处。相同的地方主要在于选择的标准，都要求能够与企业共同认识到控制环境成本的重要性，愿意并且能够配合企业进行资源循环利用，或者是愿意提供类似的业务来获取利润，当然选择过程也要综合考虑企业自身因素和法规的要求。不同的地方是，对上游企业选择主要是指选择供应商，企业占相对比较优势。而对企业下游来说，企业的主要目的是销售产品，增加利润，因此这里所说的企业选择下游企业主要是指选择下游经销商和外包企业。

其次，与下游企业合作。选择好下游企业后，双方可以进行沟通，共同规划对废弃物收集、分拣、稠化或者拆卸、转化处理、递送和集成等控制环境成本的具体操作方法。例如，与下游价值链环节上各节点企业进行谈判，以确定合理的采购、退货政策和回收的零部件、产品价值；共同商讨如何确定所需收集的废弃物的准确地理位置、废弃物的数量、废弃物目前的使用状况等问题；共同商讨废弃物的存货管理模式，如所收集的废弃物应该存放的地方，由哪一方企业具体负责其管理及其管理责任；共同商讨如何对废弃物作进一步的检查和处理，如确定根据产品的质量对产品进行分类的原则，运用这个原则决定产品的再使用、重新加工处理或需把它销毁掉等；共同商讨转换的方法，即对回收的产品进行检查、分类，然后根据情况进行清洁、升级，按产品结构特点将产品拆分成零部件后进行再加工、废物处理等。具体操作取决于回收的材料或部件的种类和性质，如复印机需要拆卸，但溶剂废液则需要稠化。企业可以根据需要，决定这项工作是由企业自己完成，还是外包给其他企业完成。

3. 上下游企业资源多极化利用控制

（1）资源多极化利用与环境成本的关系。传统工业社会的经济是一种单向流动的线性经济，即其运作模式是"资源→产品→废物"。在这种模式下，大自然承担了大部分废物的分解与吸收的工作，而企业也失去了从中增加价值的机会。上下游企业资源多极化利用是一种模仿自然生态系统，按照物质循环和能量流动规律而构造的价值系统。在这个系统中，不仅上游企业的产品能作为有用的输入提供给下游企业，上游企业附带生产的副产品和排放的废弃物也能被下游企业再利用，这种资源在上下游企业之间的循环流动，形成了一个闭合系统，一个企业的输出，即是另一个企业的输入，因此无所谓原材料和废弃物之分，其增长模式是"资源→产品→再生资源→产品"的不断循环。这是一种为控制环境成本而构建的多级获益网络，通过资源回用和废物降解，减少环境影响而使各方受益。在企业的环境成本中，用于生产的资源和生产过程中排放的废物成为环境成本最重要的两个部分，而资源的多极化利用与这两部分环境成本都有密切的关系。

（2）上下游资源多极化利用案例应用。贵糖集团是 1954 年成立的中国最大的国有制糖企业，由于中国制糖业排污较多，该公司创建了一系列企业循环利用副产品，并因此减少污染。这个联合体包括：一个酒精厂、一个纸浆厂、一个卫生纸场、一个碳酸钙厂、一个水泥厂、一个电厂及其他相关单位，在集团企业内部，每个企业都是上下游价值链的一个环节，它们通过战略合作，充分利用副产品和废物，生产产品，获取收益，同时也减少了污染和排污成本。

三 企业环境成本控制共生战略的措施

（一）企业文化的整合

价值链是一个包含多重文化的系统整体，在控制的过程中，不可避免地会涉及价值链上下游企业不同资源和竞争能力的相互融合，产生不同文化理念发生碰撞的问题。如果处理不当，便会造成不同文化之间的冲突和抵触，更严重的情况是，企业有可能失去重要的供应商或销售商，企业的策略联盟与合作关系难以真正确立。

1. 内部文化整合

（1）定位企业的绿色文化。企业进行环境成本控制，首先需要定位企业的绿色文化。这种绿色文化应该包含企业的绿色经营宗旨、绿色价值观念、环境保护社会责任感和绿色经营哲学等深层次的无形因素，是企业生存的价值基础，这些无形因素可以通过企业的建筑物、工厂环境、品牌商标、图案标志、产品包装等有形的物质表现出来，对企业员工、价值链成员乃至社会大众的精神面貌产生持久的影响作用，使企业的一切活动和行动都围绕统一的绿色文化的价值标准展开。

（2）确定环境、健康和安全准则。企业应该确定环境、健康和安全（EHS）准则，并把这种准则作为全部员工的行为标准。在经营现场和规划新的经营业务时将环境、健康和安全因素作为优先考虑事项；在开发和设计新产品时，认识到产品在制造、销售、使用和处置过程中的环境、健康和安全影响，满足消费者和需求；针对环境、健康和安全方面取得的绩效进行监测，并定期将有关事项向董事会报告。通过对环境、健康和安全的有效管理，企业能形成良好的环境意识，注重环境对企业员工、社会大众造成的影响，消除各种安全隐患，减少环境成本，配合绿色文化的形成。例如，在企业内部进行环境保护方面的知识宣传；邀请环保局的有关专业人员对员工进行培训，如各种环境法规、国际标准化组织制定的 ISO14000 系列标准等培训内容。企业内部的培训机构也可以对员工进行有关该企业环境方针有关方面的培训，另外还可以开展丰富多彩的社会公益活动，如植树造林、街区绿化等。

2. 外部文化整合

（1）了解上下游企业文化。企业首先要对上下游的企业文化有充分了解，这样才能确定合作控制环境成本的可能性。这个过程企业可以通过对上下游企业的网站资料进行查询进行，如果是长期的合作者，也可以在交往中，获取认知，或者通过问卷、和高级管理层面谈的方式进行。

（2）突出该企业绿色文化理念。企业在与上下游企业进行合作的过程中，应该突出该企业的绿色文化理念，使上下游企业对本企业有充分的认识，这样才能督促它们采取适当的手段进行配合。企业可以把这种文化理念放在公司门户网站的突出位置上，或者对自己的采购人员或销售人员进行培训，让合作企业在与他们的交往沟通过程中，了解该企业的绿色文化。例如，建立环境成本控制俱乐部，开展各种活动，对合作企业的员工进行培训。在这种培训的过程中，可以进行该企业的绿色文化宣传，提高企业的形象，同时把绿色文化渗透到上下游企业的相关人员中，使他们的行为符合本企业绿色文化标准，使其产品设计、生产符合本企业的要求。

（二）信息有效传递

1. 内部信息传递

就企业内部来说，内部员工拥有共识是环境成本内部价值链控制的基础。例如，一个认识到环境成本重要性的采购经理，就会严把采购关，而一个缺乏足够重视的采购经理，往往会做出短视的决策；再如，设计活动需要考虑销售活动收集到的顾客需求信息，设计更加令顾客满意的环保产品，还需要考虑生产流程的现有安排，提出更好的清洁生产的改进措施；采购活动需要收集生产活动的需求计划信息，才能进行采购；生产部门需要把生产过程中遇到的环境成本控制问题传递给设计部门和采购部门；销售部门需要把销售过程中的各种问题积极地向前进行反馈。

2. 外部信息传递

就企业外部价值链来说，外部信息的传递是企业间共生合作进行环境成本控制的基础。例如，上游企业生产什么样的产品，这种产品是否达到相关的环保标准，是否能满足本企业控制环境成本的需要，有没有最新的设计改进计划。

再如，下游企业有没有重视环境成本控制和消费者利益问题，能否提供满足该企业回收产品的需要等服务；下游企业能否回收利用该企业产生的废物，实现循环生产等相关信息等。

第四节　企业环境成本控制持续优化体系的构建

环境成本控制持续优化体系是企业为了控制产生环境成本的产品，对全过程价值链各阶段的各项因素所采用的一系列措施、程序和方法，依据其控制时序，可分为超前控制、实时控制和事后反馈控制三层控制模式，如图7-2所示。

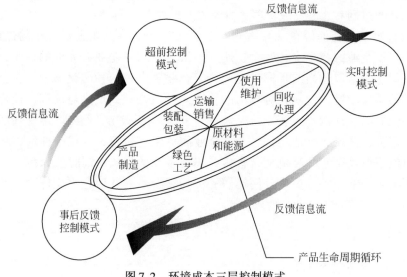

图 7-2　环境成本三层控制模式

━ 企业环境成本控制持续优化的动因分析

（一）企业环境成本控制持续优化的内部动因

1. 企业内部财务状况变动

企业经济活动必然对环境产生影响，企业环境成本的发生对企业内部财务状况的影响主要体现在以下方面。

（1）企业资产增／减值。如果某类环境成本资本化，其必定要依附于某一资产，则必然造成资产减值。现在，企业计提资产减值准备时很少考虑到环境因素影响，即普遍存在高估资产的现象。然而，企业购置环保类固定资产又会使企业资产增值。

（2）负债（或有负债）的发生。只要企业生产经营活动或其他事项对环境造成影响和破坏，企业必然为此承担责任，需要以资产或劳务偿还，形成真实的确定性负债或者或有负债。

（3）企业经营成果的波动。一方面，企业实施环保措施，可以获得直接或间接的环境收益，例如，根据税法有关规定采取环保措施或使用环保型原材料，获得流转税、所得税等税收减免，从而增加了税后净收益。另一方面，企业根据现行法规对其生产经营活动所导致的环境破坏进行弥补或赔偿性支出，或者，企业在生产经营过程中采取积极措施，在污染发生之前进行主动治理的预防性支出，均会导致支出的增加。

2. 环境信息的强制性披露

（1）国家主管部门的决策依据。国家政府和法律部门可利用企业环境信息，制定环境政策和法律法规，加强宏观调控，促使微观和宏观的协调一致，同时准确核算国民生产总值。

（2）企业管理者的决策依据。例如，在产品生产设计阶段，尽可能使用节能环保材料、环保生产工艺，针对生产中可能产生的废弃物在设计阶段就采用环保处理方案；生产过程中尽量采用洁净生产模式，充分利用资源，减少浪费和污染；销售环节，建立完善的环保处理措施。

（3）社会公众环保意识的要求。社会公众可以通过企业环境信息了解企业环境表现，对企业产品和形象做出恰当定位，间接参与到企业环境成本管理中。

3. 污染控制模式的创新

企业采用合理的环境成本控制体系，有利于改变传统的被动、滞后的先污染、后治理的污染控制模式。强调在生产过程中提高资源、能源利用率，减少污染物的产生，降低对环境的不利影响。企业兼顾经济效益和环境效益，最大限度地减少原料和能源消耗，降低成本，提高效率，变有毒有害的原料或产品为无毒无害，推进清洁生产。

（二）企业环境成本控制持续优化的外部动因

1. 企业外部不经济性的要求

从经济学的角度分析，外部不经济性是指经济系统中由于一个单位的生产导致其他单位支付无偿的成本，使个体利益与社会利益或个体成本与社会成本之间出现不一致的现象，其中有益的影响称为外在经济或正外部性，有害的影响则称为外在不经济性或负外部性。环境污染问题是一种典型的外在不经济性的表现，是市场失灵的来源之一。排污企业以牺牲其他社会成员的利益为代价赚取收益，使排污造成的社会边际成本大于边际收益，这时市场机制无法调节，需要政府采取强制手段，企业负担环境成本也就成为必然。

　　2. 企业可持续发展的要求

　　企业为取得持久的竞争优势，实现可持续发展，获得绿色比较优势，取得绿色收益，形成绿色竞争力，必须考虑到生产对环境的影响，不仅按照目前国家或者国际标准对企业行为产生的环境影响进行计量，同时还要考虑到未来的国家产业环境标准的变化，因为现在可能不需要计量的成本随着对环境重视程度的升华、成本计量技术的突破，往往会内部化，企业应该站在一个战略高度，积极主动地将环境成本内部化，并予以控制，以利于企业计划与决策的制定。

　　3. 政府环境政策的要求

　　2004 年 3 月，国家环保总局和国家统计局成立双边合作工作小组，联合开展绿色 GDP 的研究工作，同年，正式提出了实行绿色 GDP 核算。由此可见，国家在宏观上已经将环境与经济、发展与生态紧密地结合起来，这就要求在微观层面上的企业实行绿色会计核算，将环境成本纳入企业的产品成本，同时，只有计量外部环境成本，将外部环境成本内部化，才能更准确地计量企业产品的真正成本，从而为绿色 GDP 的核算提供真实有效的基础数据。

　　4. 国际贸易竞争机制的要求

　　我国多数工业产品未包括外部环境成本，这无疑是采用了低价格、高补贴的做法，为国际惯例所不允许。因此，将环境成本内在化，引导企业控制环境成本，既能解决环境保护的资金来源，又真正反映了产品的价值。目前，我国有多部环境保护的法规，明确地规定企业应对其合法的经营活动给环境造成的负面影响承担责任，否则就要负相应的法律责任。欧共体国家的"环境管理与审计计划"（EMAS）和国际标准组织颁布的 ISO 14000 系列，已经成为各国企业进行环境成本管理的标准，要求通过生命周期成本法等来控制企业内外部环境成本。

二　企业环境成本控制持续优化原则

（一）全过程控制原则

　　企业环境成本控制是指企业针对环境问题对自身行为进行的调节，其要求企业对经营活动中涵盖的所有环境因子进行全方位、全时序上的控制。逻辑全方位控制就是指对企业社会活动的全过程和全部内容进行环境管理控制，不仅包括企业的经营行为（生产行为和销售行为），还包括企业的组织行为、消费行为和社会行为。时序全过程控制在企业中一般体现为产品生命周期全过程控制，产品生命全过程包括：原材料开发—生产加工—运输分配—使用消费—废弃物回收处置。

（二）多方共赢原则

多方共赢原则是双赢原则的升华，在处理环境与经济的冲突时，必须追求既能保护环境，又能促进经济发展的方案。在实现多赢的过程中，最重要的是规则，其次是技术和资金。所谓规则，就是指环境相关的法律、标准、政策和制度。规则是协调冲突、达到多赢效果的保障，因为双赢并不是双方都能得到最大限度的利益，而是在规则的框架下达成一定程度的妥协。在环境成本控制中，要实现多赢原则，必须依赖法律标准和政策制度等的保障，同时还要大力发展环保技术，积极筹措资金。

（三）成本效益原则

在衡量环境成本计量结果准确性及环境成本信息功能性时，要求遵守成本效益原则。会计信息是一种商品，具体到计量和控制环境成本、提供环境信息时，成本不能高于环境管理行为收益。从成本方面看，环境成本属于额外信息，环境成本控制的实施必然要求企业增加人力和财力方面的投入，企业现有环境成本管理系统很大程度上决定了所需投入的大小，假如以原有成本控制系统为基础，则额外投入较小；反之，则投入较高。

≡ 企业环境成本控制持续优化的目标

企业环境成本控制的总体目标是以最优的环境成本取得最佳的环境效益与经济效益。企业既不能盲目地为追求经济效益，忽视了企业经济活动所产生的环境污染及破坏的外部成本，不对企业环境污染及环境破坏所带来的外部不经济成本进行合理估计确认和计量，从而降低企业总成本而虚增企业经济效益；同时，也不能硬性地通过制度安排增加企业环境成本的投入，在实践中影响企业环境成本管理的效果。企业环境成本的管理目标不是简单地增加与减少的问题，而是一个不断优化的过程。不同的企业在总体目标基础上，可根据自身的实际情况，选择适合自己的具体环境成本管理目标。根据制造型企业环境成本控制的特点，其目标体系设计如图7-3所示。

（1）企业环境成本控制总目标。以最优环境成本构建融合环境效益、经济效益、社会效益三重效益的绿色企业。绿色企业就是指以可持续发展为己任，将环境利益和对环境的管理纳入企业经营管理全过程，并取得成效的企业。

（2）企业环境成本控制一级子目标。在构建绿色企业总目标的指导下，实现绿色产品、绿色企业文化、绿色组织的一级子目标。

（3）企业环境成本控制二级子目标。细化一级子目标绿色产品，二级子

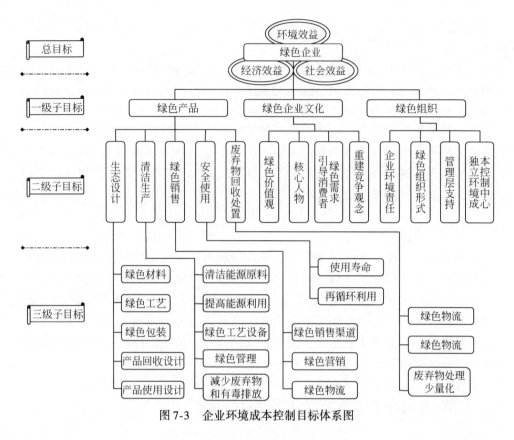

图 7-3　企业环境成本控制目标体系图

目标可设置为生态设计、清洁生产、绿色销售、安全使用、废弃物回收处置；细化一级子目标绿色企业文化，二级子目标可设置为绿色价值观、核心人物、引导消费者绿色需求、重建竞争观念；细化一级子目标绿色组织，二级子目标可设置为企业环境责任、绿色组织形式、管理层支持、独立环境成本控制中心。

（4）企业环境成本控制三级子目标。三级子目标主要针对绿色产品的二级子目标。主要包括：生态设计、清洁生产、绿色销售、绿色使用、废弃物回收处置。

四　企业环境成本控制持续优化体系

（一）企业环境成本因素评估

1. 产品环境需求分析
产品全过程价值链的环境需求包括两类：一类是总需求，即整体目标，如优质、高产、清洁、绿色等；另一类是具体需求，如回收性、有害物质排放少量化等。

根据需求特性，也可将其分为固定需求、最小需求和理想需求。而环境需求分析中，最小需求确定环境需求的极限值不超过某一规定界限。理想需求多针对具体产品而言，通常按其优先级排序，并赋予权值，可根据具体情况，对理想需求进行详细分类。环境需求必须清晰产品价值链每一阶段的环境需求及表达方式，还必须清晰各需求之间的相互关系及协调解决机制。

2. 企业产品的基准评估

第一，建立制造型产品环境因素鱼骨图。

制造型产品种类繁多，不同种类产品的使用材料、功能和环境特性均具有较大差异，对其评估应充分考虑其全生命周期阶段对成本（cost）、环境（environment）、回收（recycle）、技术（technique）四个绿色指标。根据产品环境需求分析和企业环境成本目标体系细化分解，绘出产品生态设计评估鱼骨图。鱼骨图（fishbone diagram）是日本东京大学 Ish Ikawa 教授设计的寻找问题原因的创新方法，其将影响问题的因子由主到次沿着鱼骨图主干由粗到细逐级分解，绘制成一张鱼骨刺状网络图。采用鱼骨图建立制造型企业产品评估指标体系，并将影响问题的原因详尽列出（图 7-4）（高洋等，2008）。

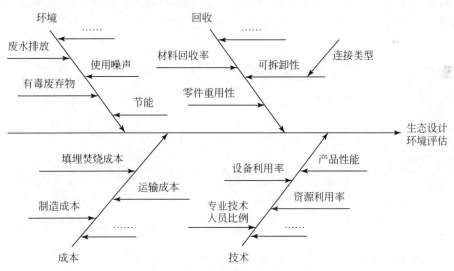

图 7-4　产品生态设计评估鱼骨图

图中主干箭头指待解决问题。第一层为解决问题主要原因，第二层为解决问题分原因，第三层为解决问题细分原因。然后将各种原因按属性自上而下分解，再将鱼骨图转化为层次模型。

第二，通过鱼骨图层次分析构建环境因子 MET 矩阵。

（1）产品生命周期的环境因子矩阵评估。产品生命周期评估已纳入 ISO14001 环境管理体系，将成为产品绿色性能评估的重要方法。但是传统 LCA 需要大量的原始数据，而且评估周期长，中小企业很难将其应用到产品评估中。本书采用简化生命周期评估方法对制造型产品生态设计进行环境评估。目前简化生命周期评估（stream life cycle assessment，SLCA）主要分为两类：第一类就是在完整的生命周期评估上作简化，但还是一个以大量资料为基础的完整的生命周期评估；第二类在矩阵式评估方法中引入生命周期的概念，如本书采用的 MET 矩阵方法，既可以体现产品生态设计在生命周期各个阶段的绿色性能，又具有节省时间、减少成本的优点，而且也适用不同类型产品评估。

MET 矩阵包括三个主要部分：M—材料（material cycle）；E—能源使用（energy use）；T—毒性物质释放（toxic emission），用于对产品的环境性能进行定性分析，并对其采用矩阵分析方法。横轴为体现 MET 的三个主要部分（材料、能源使用、毒性物质释放）的主要绿色指标，纵轴是产品生命周期的各个阶段。该研究工具目前在欧美地区被广泛应用于产品的绿色设计之中，其主要目的是协助研发人员在设计产品时注重环保方面的问题，并逐一探讨产品在生命周期中所使用材料、能源及毒性物质的输入与释放的关系，进而及早发现产品可能引发的环境问题，并利用绿色设计方法解决问题，使得产品更加符合环保意识。制造型企业产品评价构建 MET 矩阵如表 7-1 所示。

表 7-1　制造型产品生态设计生命周期 MET 矩阵

绿色指数＼生命周期	回收	成本	技术	环境	各阶段指数和（行）
绿色原材料设计	A_1	A_2	A_3	A_4	$\sum A_i$
绿色工艺设计	B_1	B_2	B_3	B_4	$\sum B_i$
绿色包装设计	C_1	C_2	C_3	C_4	$\sum C_i$
产品回收设计	D_1	D_2	D_3	D_4	$\sum D_i$
绿色供应链设计	E_1	E_2	E_3	E_4	$\sum E_i$
各阶段指数和(列)	$\sum I_1$	$\sum I_2$	$\sum I_3$	$\sum I_4$	

MET 矩阵的第一列由产品的 5 个生命周期阶段构成，第一行由产品待评价的绿色指数构成。MET 矩阵中的每个单元格由若干个评估指标组成，评估结果为布尔型数据（一个布尔型数据用来存放逻辑值即布尔值。布尔型的值只有两个：false 和 true，并且 false 的序号是 0，true 的序号是 1。false 和 true 都是预定义常数表识符，分别表示逻辑假和逻辑真。并且 false <true。boolean 是布尔型的表识符）。例如，在产品生产阶段的环境指数、产品制造过程中噪声是否达到国

家标准要求，结果为"是"（5分）或"不是"（0分），也可以根据不同类型的产品，对问题进行修改，单元格的内容为所有指标的分数和。完成所有单元格评估后，将各个单元格的分数按行、列分别进行相加。

MET矩阵中表达式的含义如下。

矩阵中的每个单元格表示产品的环境指数在该生命周期阶段的绿色性能，如B_2表示产品在绿色工艺设计的环境影响。

每一行分数的和表示产品生命周期各个阶段的环境影响，如$\sum A_i$表示产品在原材料选择和设计阶段的绿色性能。通过对$\sum A_i$、$\sum B_i$、$\sum C_i$、$\sum D_i$、$\sum E_i$的比较，可以确定有待改进的生态设计环节。

每一列分数的和表示产品每个环境因素的生命周期环境影响，如$\sum I_1$表示产品在全生命周期内的可回收性。通过对$\sum I_1$、$\sum I_2$、$\sum I_3$、$\sum I_4$的比较，可以找出有待改进的绿色指数。

（2）层次分析模型及指标权重的确定。权重的确定方法主要有层次分析法、熵值法、专家确定法等。层次分析法（AHP）是一种定性分析和定量分析相结合的用于多准则、多目标决策的系统分析方法。层次分析法通过明确目标、构建层次分析模型、构造判断矩阵等步骤计算层次结构要素对于总目标的组合权重，从而得出不同可行方案的综合评估。可以采用模糊层次分析法（fuzzy analytical hierarchy process，FAHP）来计算权重，模糊层次分析法用模糊判断矩阵取代了层次分析法中的判断矩阵，避免了较难解决的一致性判断问题。假定上一层的元素为A，下一层的元素为b_1，b_2，$\cdots$，b_n，模糊判断矩阵B如表7-2所示。

表7-2　模糊判断矩阵B

A	b_1	b_2	$\cdots$	b_n
b_1	b_{11}	b_{12}	$\cdots$	b_{1n}
b_2	b_{21}	b_{22}	$\cdots$	b_{2n}
$\cdots$	$\cdots$	$\cdots$	$\cdots$	$\cdots$
b_n	b_{n1}	b_{n2}	b_{n3}	b_{nn}

表中，b_{ij}按表7-3标度，FAHP中的权重计算公式为

$$M_i = \frac{\sum_{j=0}^{n} b_{ij} - 0.5n + a}{an}(0 \leqslant a \leqslant 0.5) \tag{7-1}$$

式中，M_i为各指标权重值；b_{ij}为各指标相对重要度。

表 7-3　0.1～0.9 比例标度

标度	定义	说明
0.1～0.4	反比较	若元素 b_i 与元素 b_j 相比较得到元素 b_{ij} 则元素 b_j 与元素 b_i 相比较得到判断 $b_{ji} = 1 - b_{ij}$
0.5	同等重要	两元素相比较，同等重要
0.6	稍微重要	两元素相比较，一个元素比另一元素稍微重要
0.7	明显重要	两元素相比较，一个元素比另一元素明显重要
0.8	重要得多	两元素相比较，一个元素比另一元素重要得多
0.9	极端重要	两元素相比较，一个元素比另一元素极端重要

最后，依据评估结果得出产品环境性能，为产品生态设计优化提供主要依据。

（二）基于全过程价值链的产品生态设计

1. 全过程价值链生态设计框架

企业的产品价值链主要包括：原材料选取、原材料加工、设备核材料规范、制造和安装、使用和服务、废气处理等，针对其进行全过程价值链生态设计的总框架见图 7-5。

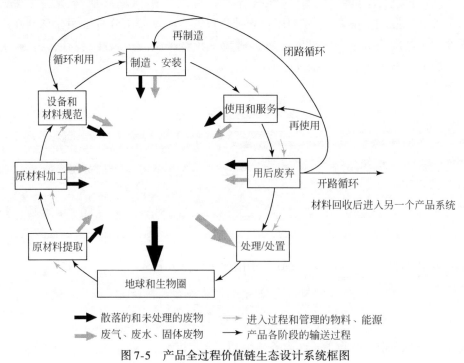

图 7-5　产品全过程价值链生态设计系统框图

2. 全过程价值链的产品生态设计要求

全过程价值链产品生态设计要求与传统产品设计要求对照见表7-4。

表7-4 基于生命周期产品生态设计要求与传统产品设计对比表

项目	传统产品设计	基于全过程价值链的产品生态设计
设计参加人员	产品设计工程师、生产技术工程师、营销和财务管理人员	产品设计工程师、环境管理工程师、法规管理人员、生产技术工程师、营销和财务管理人员
产品设计目标	◆ 满足产品功能需要 ◆ 符合产品质量要求 ◆ 符合市场需求 ◆ 符合人体健康和安全需求	◆ 满足产品功能要求 ◆ 符合产品质量要求 ◆ 符合市场需求 ◆ 符合人体健康和安全需求 ◆ 符合法律法规要求 ◆ 满足产品环境要求
产品设计规范	◆ 产品性能符合质量标准要求 ◆ 产品耐用型号，耐磨损、抗蠕变及抗腐蚀 ◆ 产品适用性，产品功能适合市场需要 ◆ 产品质量可靠性	◆ 产品性能符合质量标准要求 ◆ 产品功能多样性 ◆ 产品合适的耐用性（即按增加使用的材料和能源费用与增加使用时间之比来确定耐用性，在环境降解之前，材料应耐磨损、抗蠕变及抗腐蚀） ◆ 持续的适用性（通过设计元件可代替性，易于实现产品升级，保持功能持续适用性） ◆ 产品可靠性好（不仅质量可靠，而且产品在制造、使用中环境影响小，产品安全、故障少） ◆ 产品易于维修和修复（设计中考虑元件的安装位置、空间和安装方式，元件的规范化、标准化） ◆ 可再加工制造（元器件易于拆卸、材料可再回收、加工制造）
产品材料选择	◆ 材料应质量可靠 ◆ 材料供应商的质量认证	◆ 材料应质量可靠 ◆ 材料供应商质量认证，同时要求化学品供应商回收处理包装容器 ◆ 使用对环境和人体无害的材料 ◆ 避免使用枯竭或稀有的资源 ◆ 尽量采用回收可再生原材料 ◆ 采用易提取、可循环利用的原材料 ◆ 使用环境可降解原材料

项目	传统产品设计	基于全过程价值链的产品生态设计
产品制造、使用过程设计	◆ 产品工艺、过程设计 ——工艺技术先进 ——运行能源、物料转化效率高 ——设备选型合理 ——过程控制尽可能自动化 ——产品包装材料和包装方式应保证产品质量 ——产品储存、运输方式保证产品质量 ——产品售后质量追踪、反馈	◆ 产品的工艺、过程设计 ——工艺技术先进 ——运行能源、物料转化效率高 ——设备选型合理 ——过程控制自动化 ——设备布局合理，减少带出物的污染 ——产品包装材料和包装方式应保证产品质量，同时要考虑环境影响最小、废物最少及包装材料回收设计 ——产品储存、销售、运输方式除保证产品质量外，还应考虑节能和防止环境污染 ——产品销售后维修服务点设计 ——废弃产品回收途径和处理方法
生产管理设计	◆ 原材料接受与检验 ◆ 工序间检验和控制 ◆ 成品接受与检验 ◆ 文件控制与管理 ◆不合格品纠正与预防	◆ 原材料接受与检验 ◆ 工序间检验和控制 ◆ 成品接受与检验 ◆ 文件计算机管理 ◆ 不合格品纠正与预防 ◆ 生产现场管理设计 ——合理生产周期 ——节能、节水措施 ——产品定置管理设计 ——安全、预防污染生产环境
人员培训设计	◆ 操作工上岗技术培训 ◆ 全国质量管理培训教育	◆ 操作工的上岗技术培训 ◆ 全面质量管理培训教育 ◆ 产品环境影响与环境管理知识培训 ◆ 产品影响评价方法的培训教育 ◆ 产品生命周期分析和设计的培训教育

3. 全过程价值链的生态设计流程

基于全过程价值链的产品生态设计流程如图 7-6 所示。

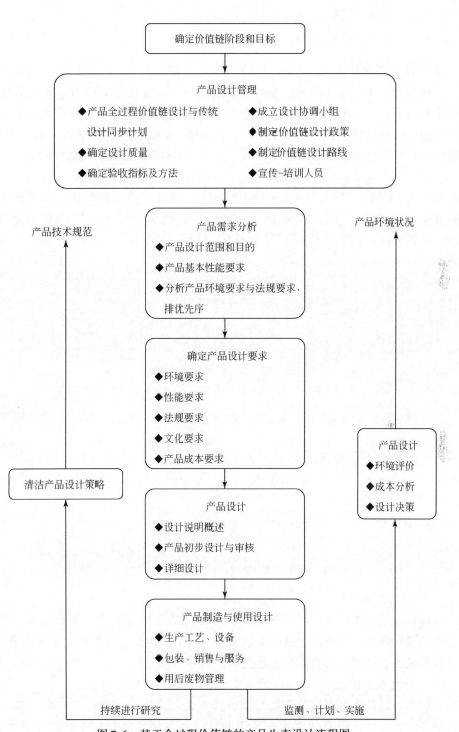

图 7-6 基于全过程价值链的产品生态设计流程图

（三）全过程价值链的产品生态设计环节

1. 绿色原材料设计

绿色原材料是指在满足一般功能的前提下，具有良好的环境兼容性且具有很高的可循环再生率的材料，即在制造、使用及用后处置等生命周期的各个阶段内最大限度地利用资源和对环境产生影响最小的材料。其包括以下四种类型：能够自然分解材料、非涂镀材料、加工污染最小材料、报废污染最小材料。

加工过程是指从材料到成品（或半成品）的制造过程，制造过程的材料循环如图7-7所示。其中，PXC是过程循环流，PXR是再生材料流，非循环物质处理由PXD排出。绿色材料选择应减少或消除PXD，增加PXC，并尽可能利用再生材料PXR，且所选用材料种类越少，制造过程中产生废弃物越少，污染越小。

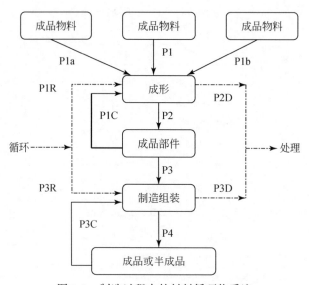

图 7-7　制造过程中的材料循环物质流

2. 绿色工艺设计

绿色工艺技术是以传统工艺技术为基础，结合材料科学、表面技术、控制技术等高新技术的环境友好型先进制造工艺技术，主要包括节约资源工艺技术、节省能源工艺技术、污染最小工艺技术。

3. 绿色包装设计

产品包装是生命周期的重要环节，同时也是生态设计最为关键的环节，通过绿色包装设计，可有效解决包装引起的一系列环境问题，并取得环境收益。绿色包装设计包括绿色包装材料研发、回收利用技术开发、包装结构技术研发、包装废物回收处理。

4. 产品回收设计

产品回收设计是指进行产品设计时，充分考虑产品零部件及材料回收可能性、回收价值大小、回收处理结构工艺等与回收有关的一系列问题，以达到零部件及材料资源和能源的充分有效利用。资源的回收和再利用是产品回收设计的主要目标，其方法主要包括原材料的再循环和零部件的再利用，其中较为合理可行的是零部件的再利用，其设计需考虑以下要求：设计结构易于拆卸；可重用部件易于识别；结构设计易于维修；零部件利用易于回收。

五 企业环境成本控制持续优化流程

（一）ERP财务管理流程

环境成本管理中的环境成本核算就在 ERP 系统的财务模块中。在财务管理流程中进行正确的环境成本的核算，将为整个 ERP 系统进行环境成本管理提供基础性工作数据。

1. ERP财务模块功能分析

一般来说，作为一个企业，其财务管理的过程中主要应关注以下几个方面的信息：①按天或按月的科目、子细目的发生数；②按月的科目、子细目余额；③往来账及清账结果一览表及账龄分析；④库存的进销存一览表及账龄分析；⑤按月或季度的资产负债表、损益表、现金流量表等。

因此，ERP 的财务模块需要来自企业每个部分的数据。同时，财务模块更紧密地同其他所有 ERP 模块相联系，从物料管理到人力资源，再到生产控制，以消除不必要的重复过程。只要将数据一次性输入系统，ERP 系统就可以对这些财务数据进行有效的处理。大部分的 ERP 系统的财务模块包括以下内容：财务会计（总账、应收应付、固定资产核算等）；控制（日常成本控制、活动成本、生产成本计算、可行性分析）；投资管理（投资计划/预算/控制，折旧预算/计算）；资产管理（现金管理、资产管理、市场风险管理、基金管理）；企业控制（有效信息的管理、商业规划和预算、利润中心核算）。

2. 企业环境成本控制的引入

（1）财务管理模块对企业环境成本计量方法的选择。在确认了企业环境成本之后，一种理想的环境成本核算方法是制定详细的成本记录，将企业环境成本分配到各种活动中，并最终计入产品成本，以反映产品的真实劳动耗费。作业成本法能更为合理有效地把有形的环境成本分配到生产产品的作业中去。依据 ERP 系统的成本核算体系特点，在 ERP 系统中使用作业成本法计算环境成本最为适用。

　　企业环境成本计算的难点在于，有些情况下环境成本产生于生产过程中，有时又表现为无形的、未来的或有形的、形象关系或社会成本等，其不可计量性、不可货币化和难于与相应的收入（环境收入）相配比等特性使得现有的会计方法对其加以核算与报告十分困难。因此，如何将环境成本从间接费用中分离出来并加以确认和计量，并准确分配给不同的成本计算对象就成了环境成本计算的关键。而作业成本法可以通过设置作业成本库，并通过成本动因科学、合理地确认计量环境成本，所以作业成本法是 ERP 系统进行环境成本计量可选择的方法。

　　此外，企业环境成本控制系统中无法用作业成本法计量的成本要素依然存在，选择适合的成本计量方法是企业环境成本控制的关键，结合制造型企业环境成本控制的特殊性、环境成本要素自身的特点及环境成本计量方法的适用性可对正确计量方法作出选择，详见表7-5。

表 7-5　基于生命周期的环境成本计量方法选择

阶段	环境成本内容		计量方法
设计	环境事业费	研究支出	政府认定法 实际调查分析法
原材料获取	环境资源耗减成本	自然资源耗减费用	生产率下降法、机会成本法 边际成本法、维护成本型方法
	环境损害成本	人体健康损失	人力资本法、工资差额法
		运输过程中大气污染损失	生产率变动法
材料加工与产品生产阶段	环境治理费用	废水处理	作业成本法、按比例分配法
		废气处理	作业成本法、按比例分配法
		固体废弃物处理	作业成本法、按比例分配法
	环境补偿费用	废水超标排污费	按比例分配法
		废气超标排污费	按比例分配法
		固体废弃物超标排污费	作业成本法
	环保事业费用	环保培训费	人力资本法
		环境负荷检测	历史成本法
		环境管理体系支出	全额计量法
	环境发展费用	企业绿化费	全额计量法
		环境卫生费	全额计量法
	环境预防费用	固定资产改造支出	差额计量法

续表

阶段	环境成本内容		计量方法
产品销售使用阶段	环境预防费用	环保包装材料支出	差额计量法
	环境损害成本	运输过程环境污染支出	生产率变动法
	环境治理费用	消费过程中污染治理支出	机会成本法
回收再利用	环保事业费用	再生循环项目投资	全额计量法
	环境治理费用	废品处置加工支出	作业成本法、按比例分配法
废弃阶段	环境治理费	废弃物焚烧、填埋支出	作业成本法、按比例分配法

（2）环境成本账户设置。环境会计账户是根据设计的环境会计科目在账簿中开设的户头，用来分类、系统、连续记录各项环境会计业务，以便提供有用的环境成本信息。其中，环境成本科目是对环境会计要素（即核算对象）具体内容进行分类的项目，是设计账户的依据。环境成本账户之间在复式记账法作用下，存在必然的账户对应联系，形成一个相互影响、相互关联的信息记录整体，即成环境成本账户体系。

环境成本账户体系构建关键在于科目模式的确定。根据制造型企业环境成本控制需求，可参考两种科目模式：单设环境成本核算科目模式、"中心-卫星"账户设置模式。

（1）单设环境成本核算科目。单独设置环境成本核算科目是指通过单独设置"环境成本""环境资产""环境负债""环境效益""累计折耗"五个一级会计科目，并在此一级科目下设置与各自核算项目相关的下属明细科目，其他则在原有会计科目下增设或改设一些相关明细科目来组织环境会计核算的形式。

该模式在不改变传统会计核算模式的前提下，单独设计一套环境成本核算账户，使环境成本核算一目了然，但由于其与传统会计核算账户分属于两套独立核算模式，因此传统会计与环境会计两者衔接可能出现疏漏。该模式适用于环境成本核算业务较多、金额较大，但组织结构较为简单的企业。

（2）"中心-卫星"账户核算模式。在该模式下，环境成本中的显性部分和隐性部分应分别进行核算，显性部分的核算采用"中心"核算，即在不打乱传统的会计核算的基础上，通过在有关一级科目下设置与环境成本要素核算相关的二级科目以组织环境成本核算的形式进行核算，而对于隐性部分则采用"卫星"核算，将其纳入 ERP 环境成本控制模块进行价值量与实物量核算。

该模式的优点在于其设有"中心"和"卫星"两套互补账户，可以对环境成本进行完整的核算，而且由于"中心"账户设置是在不打乱传统会计核算账户的基础上进行的，因此其可以较好地实现环境成本核算与传统会计核算的融合。其主要不足之处表现在科目项目划分较细、工作量大，而且有时候一些核算项目的归属界限可能会模糊，很难准确划分到某一科目中。该模式较适合于环保核算业务较多、涉及金额较大，但组织结构不很复杂的企业。

(二) 生产控制流程

1. 生产控制模块功能分析

(1) 主生产计划管理。主生产计划 (master production schedule, MPS) 是确定每一个具体产品在每一个具体时间段的生产计划。它是根据生产计划、预测和客户订单的输入来安排将来的各周期中需要提供的产品种类和数量。MPS管理目的在于提高企业计划的应变能力，减轻管理人员的工作强度，提高准确性，将烦琐的手工工作进行适度的计算机化，使管理人员能及时掌握生产情况，提高企业的服务水平，提高企业的竞争力。

一般的企业的 ERP 管理系统的 MPS 模块主要实现以下功能：①对年度计划、季度计划、月度计划和车间生产计划随时进行输入、查询、修改、统计、评估等功能，生成 MPS 并维护。②对 MPS 所需要的参数进行设置。③查询生产计划的执行情况。④进行能力平衡。⑤生成各个部门所需要的 MPS 报表。

(2) 物料需求计划管理。物料需求计划 (material requirment planning, MRP) 与 MPS 一样处于 ERP 系统的计划层次的计划层，由 MPS 驱动 MRP 的运行。MRP 是对 MPS 的各个项目所需要的全部制造件和全部采购件的支持计划和时间进度计划。

一般的企业的 ERP 管理系统的物料需求管理主要实现以下功能：①输入BOM 表，并进行修改和维护。②根据 MPS、BOM 表和库存数据生产自制件生产计划、外购件采购计划和外购件生产计划。③根据自制件生产计划生成车间加工指令。④生成企业所需要的各种计划报表和生产统计报表。

(3) 能力需求计划管理。能力需求计划 (capability require plan, CRP) 在物料需求计划到达车间之前，用来检查车间执行生产作业计划的可行性，平衡各工序的能力与负荷。CRP 的运算过程是根据物料需求计划和各物料的工艺路线，对在各个工作中心加工的所有物料计算出加工这些物料在各个时间段上要占用该工作中心的负荷小时数，并与工作中心的能力 (如工时、台时等) 进行比较，生成 CRP。一般企业的 ERP 管理系统的 CRP 管理主要功能有：一是 CRP的编制；二是能力控制。

(4) 车间控制管理。除了协调不同部门、人员、物料、工具等资源之外，车间管理者还要对生产作业按计划、调度、控制和评估等内容进行管理，以达到最好质量、最快交货期和最低成本的目的。

ERP 系统的生产管理是 ERP 系统的核心功能模块之一，它将企业的整个生产过程有机地结合在一起，使企业能够有效降低库存，提高效率，同时各个原本分散的生产流程自动连接，也使得生产流程能够前后连贯地进行，而不会出现生产脱节，耽误生产、交货时间。生产管理的过程主要是依据 MRP、制造工艺路线与各工序的能力编排工序加工计划，下达车间生产任务单，并控制计划进度，最终完工入库。其管理目标是按物料需求计划的要求，按时、按质、按量与低成本地完成加工制造任务。

2. 企业环境成本控制的引入

生产控制流程具备促使企业将技术和业务流程相结合，从而构成解决方案的核心能力。ERP 系统的生产流程由生产控制模块来实现，企业实施绿色战略中，生产控制模块占有非常重要的地位。生产控制模块中环境成本管理实施的结果直接决定了企业绿色战略的效果。

将环境成本引入 ERP 系统，在生产控制流程中体现的核心思想就是绿色制造。绿色制造（green manufacturing）的基本内涵可描述如下：绿色制造是一个综合考虑环境影响和资源效率的现代制造模式，其目标是使得产品从设计、制造、包装、运输、使用到报废处理的整个产品生命周期中，对环境的影响（副作用）最小，资源效率最高。

（三）物料管理流程

1. 物料管理模块功能分析

（1）物料需求计划。通过使用采购和仓库/库存系统，物料管理系统能够提供物料需求计划的基础数据。基于消耗的物料需求计划根据消耗数据生成基于再订货点原则或预测的采购建议，其他需求以采购申请的形式记录下来并分配给相应的采购人员。这个过程确定了合适的订单数量和适当的服务级别。

（2）采购。采购管理系统和库存管理系统关系密切。库存管理系统向采购管理系统输出库存缺货预警信息，作为采购计划制订的依据之一，采购系统产出的到货通知单在审核合格之后就要生成采购入库单，修改库存记录。

制造企业的采购业务管理属于 ERP 系统中计划的执行层次，是物料管理的重要内容，可以有很多种模式，针对多数企业的共性，归纳为以下两大类：间歇式订货生产采购和重复式生产采购。

在间歇式订货生产采购模式下，对于按订单生产和设计的制造企业，供应商变化较大，采购的物料变动也较大。在重复式生产采购模式下，企业和供应商之间建立了长期的合作伙伴关系，供求关系较固定，采购质量及交货期等都很稳定，可以由供应商管理库存（VMI 方式），接近"零库存"的管理概念。

（3）库存管理。库存管理是指企业为了生产、销售等经营管理需要而对计划存储、流通的有关物品进行相应的管理，包括物料的存储、收发、使用及计划与控制等相关的各个方面。ERP 系统中把物料的含义扩大：它指以支持生产、维护、操作和客户服务为目的而存储的各种物料，包括原材料和在制品、维修件和生产消耗、成品和备件等。但库存也存在一定的弊端，如占用大量的企业资金及增加了企业的产品成本和管理成本。库存管理模块的目的就是要通过一定的手段来消除上述弊端，充分利用库存的益处，更好地为企业生产服务。

（4）仓库管理。仓库管理能够定义并管理复杂的仓库机构，可以将仓库分为不同的物理或逻辑单元，如高架区和存储区。可以随机地组织和管理，或按图示存储原则组织和管理。系统可利用已定义的策略提示用户货物应存放的区域，哪些区域的货物应取消，或货物应从哪些区域取出。

（5）发票确认。发票确认（发票匹配或发票取消）功能清晰地表明了系统集成的程度。发票确认需使用物料主数据、采购订单和收货的有关数据，在理想状态下，用户只需要输入对应采购订单项目的发票总额，根据预先定义的参数，所有过账生效，生成应付账。如果超出了预定的限额（如数量、价格和交货期），则冻结对该发票的付款。

2. 企业环境成本控制的引入

根据上面对物料管理流程的功能分析，绿色采购是环境成本管理在物料管理中的体现和应用。绿色采购是企业在采购行为中考虑环境因素，通过减少材料使用成本、末端处理成本，保护资源和提高企业声誉等方式提高企业绩效。具体讲就是，企业内部加大采购部门与产品设计部门、生产部门和营销部门的沟通与合作，共同决定采用各种材料和零部件及供应商，同时包括与供应商的合作方式，通过减少采购难以处理或对生态系统有害的材料，提高材料的再循环和再使用，减少不必要的包装和更多地使用可降解或可回收的包装等措施，控制材料和零部件的购买成本，降低末端环境治理成本，提高企业产品质量（如生产获得权威认证的绿色产品），改善企业内部环境状况，最终提高企业绩效和竞争力（主要是指财务绩效，同时包括环境绩效、企业声誉等）。

（四）销售与分销流程

1. 销售与分销模块功能分析

（1）分销管理。销售的管理是从产品的销售计划开始，对其销售产品、销售地区、销售客户各种信息的管理和统计，并可对销售数量、金额、利润、绩效、客户服务作出全面的分析，这样在分销管理模块中大致有三方面的功能：对于客户信息的管理和服务；对于销售订单的管理；对于销售的统计与分析。

（2）库存控制。库存控制用来控制存储物料的数量，以保证稳定的物流支持正常的生产，但又最小限度地占用资本。它是一种相关的、动态的及真实的库存控制系统。它能够结合、满足相关部门的需求，随时间变化动态地调整库存，精确地反映库存现状。这一系统的功能又涉及建立库存、检验入库、收发料的处理、库存分析等。

2. 企业环境成本控制的引入

近年来，各国政府管理部门为了落实环境保护措施，陆续颁布了一系列与环境保护相关的法律法规和认证标准，以约束和指导企业的经营行为。这些法律法规和认证标准中包括了详细的技术要求，企业在实施绿色营销战略时也自愿地遵循了这些要求。从系统内部看，ERP 系统的绿色营销系统应由三个子系统构成，包括绿色营销决策子系统、绿色营销实施子系统和绿色营销评估反馈子系统。这三个子系统各自具有特定的功能，同时通过信息传递、反馈相互影响，构成一个闭环系统。从系统外部看，绿色营销系统置身于一个更大的外部环境中，这个外部环境包括经济环境、政治环境、法律环境和社会环境等，外部环境的变化对企业的绿色营销战略的制定、实施有着巨大的影响。

第八章

企业环境成本控制评价体系

企业环境成本控制效果受许多因素的影响，从企业的角度来看，主要取决于企业环境成本控制理念和企业环境成本控制方法与手段。在不同理念的指导下，采取不同的控制方法与手段，其效果也有差异。

第一节　企业环境成本控制评价目标

一　企业环境成本控制的会计视野

（一）企业环境会计的发展阶段

企业环境控制手段较多，会计控制是最具有代表性的也是最有效的一种。罗伯·格瑞和简·贝宾塞（2004）认为，"人们在阐述一般的环境问题或者特定的企业环境关系时并不常常从会计谈起，但是如果没有绿色会计（即环境会计），许多环境行动也就根本无法变成现实，这一点同样也毋庸置疑"，可见环境会计的重要性。国外关于环境会计的研究可追溯到 20 世纪 70 年代，1971 年比蒙斯（F. A. Beams）撰写的《控制污染的社会成本转换研究》和 1973 年马林（J. T. Marlin）的文章《污染的会计问题》揭开了环境会计研究的序幕。1993年，罗伯·格瑞教授（Rob Gray）出版了环境会计研究领域的代表著作《环境会计》一书，标志着环境会计的正式产生。国外环境会计的产生与发展可以分为以下四个阶段。

（1）环境影响进入会计视野阶段（20 世纪五六十年代）。在这个阶段，由于工业污染事件的发生和环境污染事件法律诉讼的发生，环境诉讼失败导致的经济赔偿和环境恢复费用成为企业会计核算的要素，企业的环境意识的觉醒增加了环境方面的开支，也纳入了会计核算的内容。但这个阶段，企业关心的仍然是企业的经济业绩，环境因素对财务的影响没有得到重视。

（2）环境会计萌芽阶段（20 世纪七八十年代）。1975 年在英国会计准则委员会发布的《公司报告》中，有关公众的社会责任问题的内容很大一部分与环境问题相关；1976 年，Ullmann 提出了公司环境会计系统，采用非货币计量的手段反映与环境有关的投入与产出；80 年代末期，国际会计组织也召开会议对与环境有关的会计影响问题展开了讨论（郭晓梅，2003）。

（3）环境会计的确立与发展阶段（20世纪90年代）。在这个阶段，一些大型企业开始自觉地披露环境信息。在会计核算上，一些环境要素开始出现相对独立的处理方式；环境会计的概念、模式基本建立；宏观环境会计和微观环境会计的研究有了一定进展；环境审计也逐步建立起来。

（4）环境会计的快速发展阶段（21世纪初）。在这个阶段，环境会计思想、理论得到各国政府和企业界的认同，环境会计方法得到日益普遍的应用。各个国家都制定了环境会计方面的准则，如美国、日本等国家都出台了相关法律和会计准则。与此同时，越来越多的企业对外披露了环境会计报告。1989年，挪威的Norsk Hydro公司发布了全世界第一份企业环境报告，引发了环境报告披露的浪潮。1998年2月在日内瓦召开的联合国国际会计和报告标准政府间专家工作组（ISAR）第15次会议上，通过了《环境会计和报告的立场报告》，这是第一份关于环境会计和报告的系统、完整的国际性指南，之后相继发布了《环境成本与负债的报告》《企业环境业绩与财务业绩指标的结合》等应用指南。1999年，联合国非政府组织"全球可持续发展报告推动计划"制定的《可持续发展报告指南》已被更多的跨国公司逐步采用。各国也陆续出台了相应的环境报告指南性文件，如丹麦1995年的《绿色账户法案》、英国1997年的《环境报告和能源报告编制指南》、澳大利亚2000年的《公共环境报告框架》及日本2000年的《环境报告书指南》（分别在2003年和2005年进行修订）。为了获得良好的环境声誉，同时也是为了加强环境的自我规制和管理，越来越多的国外企业对外披露环境报告。1995年编制环境报告的跨国公司有100家，到2000年全球最大的500家公司都编制了环境报告（王金南，2006）；2001年有2000家，2003年有3744家，2004年有4000家，2005年超过6000家（薛庆林等，2006）。

随着对环境会计研究的不断深入，可持续性发展的概念开始引入到环境会计中。至此，人们认识到，作出环境决策的是管理当局而不是会计人员，所以要解决环境问题，就必须从管理与决策的角度出发，建立环境管理系统。政府和企业界都认识到环境管理的重要性，对如何在企业决策中考虑环境因素、如何实施与环境有关的企业管理等问题逐渐重视起来，环境管理会计就在这样的情况下产生了。根据国际会计师联合会的管理会计概念中的定义，环境管理会计是"通过设计和实施适当的与环境相关的会计系统和管理系统，对环境业绩和经济业绩进行的管理"。联合国环境管理会计专家工作小组给出的定义是"为满足组织内部进行传统决策和环境决策的需要，而对实物流信息（如材料、水和能源等）、环境成本信息和其他货币信息进行的确认、收集、估计，编制内部报告和利用它进行决策"。

(二) 企业环境成本控制理念的演变

国内外对政府环境成本控制的研究较为充分，特别是环境经济学的快速发展，使得以政府为主导的环境成本控制研究空前发展。在实践方面，环境政策工具得到了不断创新，污染收费、补贴、保证金制度，以及排污权交易制度也在日益完善，因此，国内外对政府环境控制的研究已经达到了较为成熟的阶段。在这个成熟的阶段，理论界与实务界公认政府应是进行环境控制的主导，而且将政府与企业严格对立起来，认为企业是被规制者，没有动力进行环境控制行为。而政府需要做的就是不断创新环境控制手段，尽量减少企业在环境保护方面的"作弊"行为。企业被认为是环境控制"作弊者"的形象持续了近百年，直到 20 世纪 90 年代，企业自我规制行为逐渐被发现，特别是一些知名的公司都进行了环境自我规制，才使理论界开始转变对企业环境控制行为的定位。第一次将企业作为环境控制主体的组织是国际标准化组织，ISO14001 与 EMS 都将企业作为环境管理体系的主要促进者。将环境控制主体从政府转变为企业，消除两者的对立关系对环境控制而言是一个巨大的挑战。由于 EMS 的实际约束力有限，研究者开始转向企业内部寻找另外的机制来进行环境控制，这种机制需要符合两个条件：一是在企业内部；二是充分利用企业与政府的优势。环境会计与环境管理会计一度成为这个机制的优选手段，但两者却始终都没有满足这两个要求。环境会计一直都将环境业务的确认、分类、记录与披露作为目标，很少涉及环境控制方面的内容。而环境管理会计在 1980 年以后得到了长足的发展，特别是《关于环境成本和负债的会计和财务报告的立场》的文件的发表与后续的国际会计和报告标准政府间专家工作组的一系列会议的推动，使得环境会计与环境管理会计朝着全球标准的方向发展。其目标是对财务报表和相关单据中的环境业务提供会计核算方面的最佳做法，向企业、管理者及标准订立机构提供指导。同样，环境管理会计也始终没有将会计的环境控制功能独立提出来研究，也无法满足第二个条件。在环境会计与环境管理会计发展的基础上，环境控制的具体方法逐渐凸显出来，如物质流成本会计主要从如何有效利用资源的角度，来反映资源投入和产出的信息。只不过这些环境控制的具体方面还不够系统，没有统一的目标，也没有相应的理论作为指导。因此，从环境控制的角度来看，国内外文献还存在着很多需要解决的问题，特别是对企业环境控制的激励机制研究。企业的管理层不愿意实施环境控制措施，其中一个重要原因就是管理层没有动力去实施。管理层意识到"环境与利润之间的冲突要远远大于它们之间的协调"，"环境完美主义企业并不总是能够证明它们和'更脏'的企业具有相同的获利能力"，这个问题在国内非常普遍。当环境因素不能纳入企业业绩，多数企业都会放弃环境来追求高额利益。因此，建立企业内部与外部的激励机制至关重要，两者共同作用才能促使企业管理层长期关注企业的环境问题。

⬛二 企业环境成本控制评价目标

企业环境成本控制评价的指导思想是：一是符合环境法规的要求。有关环境保护的国际宣言、ISO14000 系列的环境管理国际标准及世界各国法律、法规相继出台，要求企业实施环境成本管理，违反了这些法规要受到查处，这就迫使企业按照要求采取必要的手段，力争使自己的生产经营活动符合这些法规的要求。二是适应市场经济的需要。随着国际"绿色贸易壁垒"的蔓延，有些国家已经禁止无环境标志（绿色标志）的商品进入市场，我国也于 1992 年正式开始了产品环境标志认证工作，这将使对环境有害的产品终将被排除在市场之外。同时我国的筹资机制也开始注重企业的环境形象，中国人民银行已经规定各级银行发放贷款时必须配合环境保护部门把好关，对环境部门未批准的项目一律不给予贷款。三是着眼于环境风险的控制，主要表现在预防性法律、法规大量增加；严重污染环境的原材料实施限制使用和禁止使用；国家对企业环保责任的范围作出扩大性规定。这些行为增加了企业的环境成本，从而也增大了企业的环境风险。

企业环境业绩评价一直是理论界和实务界的研究难点之一，围绕的焦点是应该评价什么？评价的目的是什么？相对而言，前一个问题被研究得较多，包括 TRI[①]/销售收入及生态效率（eco-efficiency）指标。环境业绩指标可以从环境的角度对企业资源消耗的效果与效率进行评价，从而提供相关的定量和定性信息（刘刚和高轶文，2003）。联合国贸易与发展会议在 1998 年的报告中确定了环境业绩指标，由八个方面构成：最终的环境影响指标；造成潜在环境影响的风险指标；排放物和废弃物指标；投入量指标；资源消耗指标；效率指标；顾客指标；财务指标。国际标准化组织在《ISO14031.5：环境管理中的环境业绩评估标准》中，从满足企业内部环境管理的角度提出了环境业绩评价体系，所提出的环境业绩评价体系包括管理业绩指标和日常营运业绩指标两部分。国内对环境业绩也具有一定的研究，孟凡利（1999）认为，反映环境业绩的内容主要体现在三个方面：一是环境法规的执行情况；二是环境质量情况；三是环境治理和污染物的利用情况。郭晓梅（2003）认为，环境业绩指标包括财务指标和非财务指标、过程指标和结果指标、内部指标和外部指标。李玉萍和冀祥（2008）提出三棱柱环境业绩评价方法，考虑到了企业行为对自然环境的影响和

---

① 指的是有毒物质排放目录

企业环境行为对企业自身组织能力的影响，认为环境业绩评价指标包括五个纬度，分别为财务纬度、利益相关者纬度、战略纬度、流程纬度和能力纬度。世界可持续企业发展委员会（WBCSD）提出以生态效率（eco-efficiency）来反映可持续经营目标，将环境指标与财务指标相结合，以较小的环境影响实现较大的财务效益，最终促进企业的可持续发展。生态效率指标是环境业绩变量与财务业绩变量的比率，即在逐步减少整个生命周期中的生态影响和资源耗费的同时，提供价格上具有竞争力的、可以满足人们需求的，以及提高生活质量的产品和服务来实现。

这些方法最大化地考虑了环境业绩评价的全面性和针对性，但在设计时却很少回答第二个问题，那就是为什么要用这些方法评价？评价的目的是什么？联合国国际会计和报告政府间专家工作组认为，环境业绩指标的目标与国家会计准则委员会的目标类似，即提供有助于广大的信息使用者作出决策的关于企业环境业绩及其变化的信息，并且这种信息仅在兼具可比性、可靠性和可理解性时才是有用的。此种观点是将环境业绩评价的目的等同于传统财务业绩评价的目的，但实质上，环境业绩评价的目的具有其特殊性，无论是简单还是复杂的评价方法，其目的只有一个，那就是为了控制企业的污染行为。因此，考虑采用哪种方法或者设计哪种评价方法，首先考虑的应是这种方法是否能够充分反映企业的环境业绩，是否能够通过这种评价方法使得企业的污染行为得到有效控制？本书认为，生态效率指标具有这样的目标导向，关键是对环境业绩变量的选择。环境业绩变量直接决定了生态效率指标能否达到环境控制的目的，现有环境业绩指标多数是以排放量为基础的，当企业无法准确计量排放量的时候，生态效率指标就无法发挥环境控制的作用。因此，必须寻求其他途径对环境业绩指标的确定。解决这个问题首先要搞清楚谁有动力去进行环境控制行动，毫无疑问，受到环境破坏伤害最大的群体是最有动力关注和保护环境的，即泛利益相关者。但问题是，在现有的财务结构下，多数的泛利益相关者在企业中并不拥有财务所有权，也不具有可以参照的量化指标。因此，如何将泛利益相关者的生存权进行量化，使得泛利益相关者能够得到可以量化的指标，并把此量化指标作为判断企业环境行为优劣的标准，这是首先需要解决的问题，也是进行环境业绩评价的最好方式。

第二节　企业环境成本控制评价方法

企业是一个以赢利为目标的组织，只有不断获取利润，才能在激烈的市场竞争中获得竞争优势，求得生存和发展。利润是收益与成本之间的差额，在收益既定的情况下，只有有效地管理控制成本，才能使利润维持在一个理想的水平上。从国内外企业环境成本管理控制的实践看，大部分企业核算管理环境成本的目的并不只是应付政府管制和统计的需要，更主要的是满足企业内部成本管理和控制的需要，防止企业陷入巨额的环境债务中，因而企业环境成本的管理控制在企业生产经营中发挥着重要的作用。

━ 企业环境成本控制评价手段

（一）环境费用效益分析法的应用

环境费用效益分析法可用来评价环境政策和规章或计量分析一个项目的全部影响。环境费用效益分析是对一个项目进行评价的过程，其目标是获得生产效率，通过对项目方案的全部收益和全部费用的现值进行比较，以净收益的现值作为衡量该项目对生产效率的贡献标准。

1. 环境费用效益分析法的局限性

应用环境费用效益分析法进行环境评价，首先，要对环境性质、环境状况、环境质量标准及环境防护的技术与经济的可能性和可行性进行全面、细致的分析，然后针对环境工程或政策的目标，明确被研究对象的功能，分析环境问题所涉及的地域范围及涉及的环境因子。例如，固体废弃物的排放可能引起占用土地、污染大气、污染地下水、影响景观等。其次，要确定环境破坏的程度与环境功能损害的关系，通过科学实验或统计对比调查（与未被污染的地方或本地污染前进行比较）将两者之间的关系定量化。例如，据国外研究资料，当大气中二氧化碳浓度大于 0.06 毫克/立方米时，可使农作物减产 4% ~ 5%，从而据以对环境质量变动影响的实际数量和范围进行计算。最后，根据经济活动可以改善环境和由此带来的使环境功能改善多少，计算经济活动环境改善的效益及所需的投资和运转费用，即对每年的收益和费用进行估计，其中，费用包括虚拟费用和实际费用并减去可能的费用节省；效益包括直接效益和间接效益，同时扣除负的环境效益。此外还要确定适当的时间界限和贴现率，它们通常是由政策决策者制定的。确定了三个要素后，就可以采用净现值、效益费用比、内部利润率等指标作为决策标准进行评价。

虽然从 20 世纪 80 年代开始，环境费用效益分析法在环境政策与经济活动的评价中起到了重要的作用，但是也存在固有的缺点。首先，如果一项行动的投入和产出可以在竞争性市场上交易的话，则市场价格可以经常被利用作为判断此行动的费用和收益的标准，但实际上，经常性的竞争性市场并不存在，如防洪政策就不能在竞争性市场上出售。因此当无法获得合适的市场价格的时候，费用和效益的价值估计在很大程度上依赖于分析人员的专业判断。而且在给定条件下，不同的分析人员会选择不同的方法来分析费用和收益，因此决策结果常常会遭到诟病。另外，由于费用和收益概念的不完整，环境费用效益分析法不能系统地考虑那些不能通过货币衡量的影响，因此它不能为那些对环境有重大影响的方案提供决定性的信息，其结果不能作为政策制定过程中的唯一的决定依据。而且环境费用效益分析法不能公平地计算费用和收益，它强调的是整体的利益，以较高的净经济收益为衡量标准，而不关心当一项计划被实行后，哪些集团会受益，哪些集团会受到损失。

2. 环境费用效益分析法的拓展

由于企业的环境保护活动通常是为"多个目标"服务的，只用一个目标"经济利益最大化"来评价环境活动就显得不太恰当，因此环境费用效益分析法需要进行修正，建立"多目标"的环境费用效益分析法。政策制定者在实施环保活动时应该清楚地说明所要实现的多个目标及不同目标相关联的重要性，然后由分析人员将其转化为权重，据以计算某个项目的加权收益，进而评价环境政策或经济活动。美国学者玛格林和玛斯给出了一些解释性的例子，其中通常包括两个目标：最大化一个国家的国民收入净收益和使某些特定区域或集团的人的净收益最大化。其中第二个目标需考虑净利润的收入再分配，即净收入流向那些被选出来加以特殊对待的区域或集团。而且实行"多目标"的环境费用效益分析法，在评价环境活动时应该尽可能多地用货币项目来衡量其影响，将可能考虑到的剩余的不能用货币反映的影响用非货币项目来衡量。

例如，泰国政府曾经拟在 Thung Yai Naresuan 和 Huay Kha Khaeng 野生动物保护区内建立一个水库，为此专门成立的特别委员会，将有关该工程的费用和效益分成两部分（表8-1）：一类是其效果可以用数量衡量的，即使它们缺乏可信赖的数据；另一类是不能货币化的费用和效益，它们是无法定量的。最后经过分析，泰国政府无限期推迟了该项目的实施，因为虽然预计该项目的净收益为1亿4000万美元，但还是与不可货币化的潜在政策损失无法相比（张英，2005）。

表8-1 不可货币化的利润和成本

分类	效益	费用（成本）
可数量化的因素（具有不确定、不可信赖的数值）	来到拟建设的水库休闲放松的游客 对入口区域的居民区的医疗设备的改进 增加建筑工人的雇佣人数 增加了可供灌溉和其他用途的水源	"欣赏大自然风光"的游客的减少 增加了水上疾病的传播范围
不可数量化的因素	增加了发现新的矿产和古迹的路径和机会 水力发电是一种无污染的能源	可能由于洪水而丧失矿产和古迹 野生动植物保护区的退化 增加了发生地震的危险

（二）企业环境成本报告的模式

一般来说，企业环境报告可以采用两种报告模式呈报环境信息。一种是补充报告模式，即在现有财务报告的基础上，通过增加会计科目、会计报表和报告内容的方式报告企业环境信息。这一模式可以起到弥补现行财务报告中环境信息披露不足的作用，使现行财务报告日益完善。二是独立报告模式。独立报告模式是当前西方发达国家的跨国公司采用的环境报告模式，这种报告模式要求企业对其承担的环境受托责任进行全面的报告。因此，这种报告模式可以弥补我国企业现行环境报告的缺陷，使我国现行财务报告更加完善。独立环境报告模式的具体内容应包括：企业简介与环境方针、环境标准指标和实际指标、废弃物、产品包装、产品、污染排放、再循环使用等信息、环境会计信息（包括环境支出、环境负债、环境治理准备金、环境收入等）、环境业绩信息（环境治理与投资、奖励等）、环境审计报告。

在目前我国环境会计具体准则空缺的情况下，企业应考虑采用独立环境报告模式报告环境信息，待将来我国制定和颁布环境会计具体准则后，再采用补充环境报告模式。因此，在将环境会计引入企业财务分析评价体系时，必须首先明确，和传统财务会计相比较，环境会计在会计科目、财务报表或者财务报告中有什么样的变化。同时，从环境会计所要求的信息披露中，可以获得另一些有关企业环境活动或者环境相关活动的信息。

（三）环境会计报表的要求

在进行企业财务分析评价的工作中，原始的数据都是从企业的三大传统会计报表（资产负债表、损益表、现金流量表）中取得的，因此，环境会计报表的变化体现在以下方面。

1. 资产负债表的变化

根据环境会计的四要素论，在传统的资产负债表中应该增设环境资产和环境负债的内容。

环境资产应具备三个特点：首先，环境资产是由过去交易或事项形成的，是企业现实存在的、与环境有关的资源，包括人工资源和自然资源；其次，环境资产由企业拥有或控制；再次，对一般企业而言，环境资产主要是指用于环境治理或防止环境污染的投资，这些投资可能为企业带来直接或间接经济效益，也可能仅仅表现为社会效益。应当说明的是，环境资产为企业带来的经济利益是不确定的，而且主要表现为间接的经济利益，即通过改善其他资产状况获得，但环境资产带来的社会利益是确定的。

资产负债表的资产类可以不单独设置"环境资产"科目，而是将属于环境资产的科目分散设置在传统会计科目下，主要包括固定资产、无形资产、递延资产等。例如，在固定资产一栏中，设置环保专用设备、环保设备折旧、因环境问题而导致的资产减值；在存货、无形资产等栏目中增设因环境问题导致存货减值、因环境问题导致无形资产减值、减少或治理污染后导致的无形资产增值，在实行排污总量控制和排污权交易的地区企业所拥有的排污权，以及其他环境资产项目等。

环境负债具有五个基本特征：第一，环境负债是与环境成本或费用相关的义务，是未来的环境成本或费用；第二，环境负债的产生与企业生产经营活动对环境的破坏有直接或间接的关系；第三，环境负债是由于政府环境保护法律法规强制实施的义务；第四，在大多数情况下，环境负债难以确切计量，但是可以合理估计；第五，由于环境污染造成的危害涉及范围广、影响大，而且往往若干年后才显现出来，因此，许多国家的立法中都对环境污染的责任人采用追溯原则，因此环境负债具有较强的追溯性。据此，环境负债可以定义为：由过去的、与环境有关的交易、事项形成的义务，包括法定义务和推定义务，履行该义务时会导致经济利益流出企业。法定义务是依照法律、法规必须履行的责任，推定义务通常是企业在特定情况下产生或推断出的责任。

在资产负债表的负债类，增设"应付环保费"一级账户，反映环境保护费用的计算与缴纳情况，下设"应付包装物排污费""应付废弃物排污费"等二级账户。设置"应付环保税""应付环保统筹基金"等账户，分别核算环保税金计算和缴纳情况、环保基金的缴纳和应用情况。设置"或有环境负债"账户，核算与环境有关的或有负债，如与环境问题相关的未决诉讼。发生的其他环境负债事项可在原有负债类账户下增设相关二级账户，如在"短期借款"账户下增设"环保借款"二级账户，核算短期环保借款。

2. 损益表的变化

根据环境会计的四要素论，在传统的企业财务损益表中增设环境费用、环境收益项目。在我国会计学中，费用是指归属于特定会计期间的支出，成本则是指归集到某一产品或服务上的对象化的费用，两者有明显的区别。但在西方会计中，成本和费用则泛指企业在生产经营活动中所发生的全部实物和劳动的消耗。企业在环境活动中所发生的一切支出统称为环境费用。传统会计学中的成本费用代表所消耗资产的价值，等于企业为获取经济利益所消耗的人力和物力支出，将其用于环境领域，便可以界定环境费用的定义，即环境费用是企业因预防和治理环境污染而发生的各种费用和所消耗的环境资产价值，以及由此而承担的各种损失，是企业在环境活动中所发生的经济利益的流出。环境费用具有以下特征：第一，环境费用的高低与企业生产经营活动对环境的破坏有直接或间接的关系；第二，环境费用的发生主要是由于政府环境保护法律法规强制实施的结果；第三，环境费用的支出具有多样性，分散在企业生产经营活动的各个阶段，既包括直接治理环境的费用、减少环境污染所采取的措施费用，也包括对职工的环境教育及参加环保活动的支出；第四，如果一项环境支出能在未来为企业带来经济利益，应将其资本化，确认为环境资产，待分期摊销时确认为当期费用，因此，环境费用的核算与环境资产核算有密切联系；第五，绝大部分环境费用的支出不一定能够为企业带来经济利益，不能带来经济利益的环境支出全部计入当期损益。

环境费用的主要内容包括企业在生产过程中直接降低排放污染物的成本，企业对销售的产品采用环保包装或回收顾客使用后的废弃物、包装物等所发生的成本，企业对环保产品的设计、生产工艺的调整、废弃物回收及再生利用等进行研究开发的成本、环境管理成本、对企业周边地区实施环境保护或提高社会环境保护效益的环保公共支出等，另外，还有环境管理费用、环境监测费用、废物排污费、环境罚款与赔付、环境清理费、停工损失、无污染替代支出、资产跌价或减值损失、设备构建和折旧费用支出、环境评估审计支出、注册申请支出等。在损益表中，根据实际的环境费用发生情况，在相应的部分注明。

环境收益是从企业角度对环境保护和治理活动作出的经济评价，其评价指标以货币计量为主，以其他计量为辅。环境收益是在一定时期内企业进行环境保护和环境治理所形成的经济利益的流入。环境收益具有以下特征：环境收益具有多样性；环境收益具有不确定性，与环境费用不直接相关；环境收益的产生具有滞后性，企业的环境费用投入较长时间后，才可能产生收益。

环境收益主要包括两个方面：一是企业对自身生产而产生的污染性废物进行综合治理而取得的直接收益；二是企业改善环境资源获得的间接收益（表8-2）。主要设置"环境收入"科目，核算企业在改善环境资源和自然资源时所取得的收益。

表 8-2　环境收益的分类

直接收益	生产成本降低带来的收益	设备维护费用
		生产控制费用
		原材料消耗
		能源和水消耗
		废品减少
		人员的减少
	销售增加带来的收益	增加产量
		回收副产品
		优质产品增值
		绿色产品增值

续表

直接收益	其他收益	税收的减免
		应税利润的增加
		现金流量的增加
		提高企业声誉和扩大市场占有率所带来的收益
		低息或无息贷款节约利息所形成的收入
间接收益	从环境方面产生的收益	减少废弃物处理、处置费用
		减少事故罚款和排污收费
	从废弃物回收利用方面产生的收益	复用
		循环利用
		再生回收
	其他收益	职工健康的改善而减少的医疗费用
		政府或其他组织和单位给予的补贴收入

与环境费用的标注略有不同的是，环境收益一般标注于企业营业利润项目之后、所得税项目之前的位置，以达到更加清晰明了的效果。

3. 现金流量表的变化

根据我国企业会计准则《现金流量表》对于现金流量的分类，对于列作当期收益的环保支出可在由营业活动导致的现金流量部分中增设一个项目反映。对于列作长期资产的环保支出可以在由投资活动导致的现金流量中增设一个项目反映。如果企业中的环保支出非常大，完全可以将现有的将现金流量划分三类的方式改为划分四类，单设"由环境问题导致的现金流量"予以全面反映。

以损益表为例，说明环境会计对传统损益表的改变。假定有 A 企业在按照目前的会计准则处理时的损益表如表 8-3 所示。

表 8-3　企业损益表（调整前）　　　（单位：万元）

一、主营业务收入	
减：营业成本	
销售费用	
管理费用	
财务费用	
营业税金及附加	
二、主营业务利润	
加：其他业务利润	

续表

三、营业利润	
加：投资收益	
营业外收入	
减：营业外支出	
四、利润总额	
减：所得税	
五、利润净额	

再假定该企业与环境有关的支出和收益主要业务有：①购置的治理污染设备，由于产销平衡而全部体现在营业成本之中；②缴纳排污费，已经计入到管理费用中；③为购置治理污染设备而从环保局取得低息贷款，利息已经计入财务费用；④利用三废生产某种产品，少缴纳流转税金及教育费附加，少缴所得税；⑤因某些烟囱排污超标被罚款；⑥因某项污染治理接受政府无偿补助，已经列入营业外支出。

调整后的损益表如表 8-4 所示。

表 8-4　企业损益表（一次调整后）　　　　（单位：万元）

一、主营业务收入	
减：营业成本（扣除环保设备折旧）	
销售费用	
管理费用（扣除排污费）	
财务费用（加上低息贷款少缴的利息）	
营业税金及附加（加上少缴的流转税款）	
二、主营业务利润	
加：其他业务利润	
三、营业利润	
减：环保支出	
加：环保收益	
加：投资收益	
营业外收入（扣除政府发放的污染治理补助）	
减：营业外支出（扣除污染罚款）	
四、利润总额	
减：所得税	
加：三废产品（污染治理）减免所得税收益	
五、利润净额	

如果想在损益表中得到更为全面的包括所有列作当期资本支出和收益支出的环境支出，对现有的损益表略加改造也是可以实现的。在前面的例子中，该企业当年还有购置环保设备。那么，对环保支出项目再进行调整即可。

二 企业环境成本控制评价方法

(一) 评价指标引入的方式

根据目前环境成本会计的研究现状，引入方式可以有两种选择：第一，创立系统的、全新的企业经营活动的环境与财务评价体系；第二，在现有的企业财务评价体系的基础上，增加一套基于环境会计理论的分析评价指标，与现有的财务评价同时进行，进行综合分析。

这两种方式各有利弊。第一种方式可以对企业的经营活动产生的环境影响进行比较全面而深入的了解和分析评价，但是鉴于环境成本会计的研究现状，创立一套全新的、独立的企业环境与财务评价体系，难度比较大；第二种方式实际操作相对简便一些，但由于其仅仅是新的企业生产经营活动的财务评价体系中的一小部分，因此在结果的深度和广度上比第一种方式要逊色一些。

考虑到目前我国对环境成本会计的研究仍然不够成熟、系统，因此在本书中，仍然采用第二种方式引入环境成本会计思想的企业财务指标分析体系，待以后条件成熟，环境会计的研究更加系统、深入时，可以考虑向第一种方式过渡，从而使企业的环境与财务评价更加全面、系统。

定性分析是对经济指标或因素的属性进行界定的方法，是认识财务指标的性质、特征、影响因素的变化的主要方法，具有推理性、抽象性和主观性的特征。采用定性的方法，在进行横向比较时难度比较大，但在待评价资料出现无法进行货币化计量，或者计量方法不统一等情况时，评价工作依然可以正常进行，评价结果同样有效。定量分析是对那些具有稳定数量关系的财务指标进行分析的方法，对认识财务指标之间或财务指标各因素之间的数量变动和影响程度具有重要意义，其特征为准确性和直观性。由于有着直观且客观的数据支撑，评价的结果客观性更强一些；以数据形式表现出来的评价结果，也更便于在同一行业、同一地区，甚至不同行业、不同地区等范围内进行横向的比较。进行定量分析，要求对原始资料进行整理，并通过一定的方法以完成相关计量和核算工作。

考虑到目前环境成本会计理论研究的现状，在将环境成本会计引入企业财务评价体系过程中，建议将定量分析和定性分析这两种方法结合起来使用，在定量分析一些可计量因素的同时，以定性的方式对于其他一些难以计量的因素进行分析评价和描述，从而力争全面地反映出企业在日常经营生产活动中对自然环境的各种影响。

（二）可计量环境因素的评价方法

环境成本会计中有一些可以货币计量的因素，采用定量的方法，设计一系列新的指标对其进行分析评价。这些可计量因素主要是在三大传统会计报表——资产负债表、损益表和现金流量表的改进中所提到的环境资产、环境负债、环境费用及环保收益中的那些具体因素。借鉴传统财务分析评价体系中的比率分析思想，设计如下指标以反映这些因素。

1. 反映企业环境活动总体情况的指标

这一类指标从不同的角度反映了企业在环境方面的投资和费用支出情况。

1）环保设备投资比率

环保设备投资比率＝环保设备净值/固定资产净值×100%

这一指标是衡量企业对环保设备的投入情况。企业的环保设备投资比率过低，说明企业在环境保护（尤其是环境污染治理）方面没有予以足够的重视，或者是没有足够的、实质性举措。在一般情况下，此比例越高说明企业在环境保护方面越积极，同时也说明企业的财务状况良好。如果企业的财务紧张甚至发生亏损，那么企业绝不会花很大的精力关心企业环境保护和治理，而是对照各项规定，勉强达到规定下限。

从理论上来说，企业环保比率过高可能会导致企业的生产能力不足或是环保投入力度过大，从而影响企业的生产能力或是降低企业资金周转，但是从实际经济生活中来看，鉴于企业的赢利目的，其必然会在获得利润和环境保护之间尽力找到一个平衡点，不太会出现环保比率过高的情况。

2）环境负债比率

环境负债比率＝环境负债/流动负债×100%

只要企业的生产经营活动对生态环境造成了不良的影响，企业就要为此而承担责任，形成真实的确定性负债或是或有负债。环境负债比率较高的企业，其发展存在一定的隐患。对于这些企业来说，由于其生产经营活动对环境产生了影响或者破坏，其必须付出一定的代价以作为补偿或者惩罚，环境负债的存在说明这种补偿或者惩罚尚未真正发生。在一般情况下，环境负债率越小，说明企业的环保意识越强，相应的环境风险就越小。

3）环境费用比率

环境费用比率＝环境费用/营运成本×100%

对于企业来说，如果其环境费用比率高，说明企业的环境费用相对于营运成本而言较高，那么企业的生产经营就存在一定的潜在威胁。一般情况下，环境费用高的企业其环境污染必然比较严重，以至于企业迫于环境法律法规的压力，不得不支出大量资金进行环境污染的处理及较大幅度地调整相关账面价值。但是，如果环境费用比率过低，说明企业的环境保护和污染防治工作做得不够到位，同样存在着环境风险。这种风险，小到缴纳税费、罚款及负债，中到限期治理或停业停顿，大到拆迁、关闭和撤销。

4）环境收益比率

$$环境收益比率=环境收益/环境费用×100\%$$

所谓环境收益，指企业的直接环境收益和间接环境收益的总和。之所以要计算企业的环境收益比率，是为了明确企业在环境方面的投入效率。企业的环境收益比率越高，就越有利于企业自身的可持续发展，同时企业利益和社会利益也越接近一致。当然，如果有必要的话，也可以分别计算企业的直接环境收益比率和间接环境收益比率。

$$直接环境收益比率=直接环境收益/环境费用×100\%$$
$$间接环境收益比率=直接环境收益/环境费用×100\%$$

5）无形资产环境影响比率

无形资产环境影响比率=因环境导致无形资产的增值（减值）/无形资产原值

长期受到污染物侵蚀或熏陶的土地、房屋建筑物的场地使用权，那些存在污染问题的专利权、专有技术、商标使用权和商誉，都会因为其内在的对环境的损耗而使其使用价值降低甚至是报废，并进而使其价值发生一定的减损。与此同时，企业会开发或购买一些有助于减少污染或专门治理污染的新型的专利或技术；或对现在的产品和服务不断改进并取得绿色标志，使得原有的商标权、商誉的价值得到提高。可见，企业的无形资产因为环境的原因而导致价值改变是经常发生的。

6）固定资产环境影响比率

固定资产环境影响比率=因环境导致固定资产的减值（增值）/固定资产净值

一般来说，固定资产的运转使用对环境产生的影响（污染）是最为主要的，相应地，固定资产的价值结构也因其反作用而受到影响。例如，产生含有污染物的废水、废渣、废气及辐射物的机器设备的运转对环境造成的损害会引起一系列问题，企业将因排放污染物而缴纳排污费、对受害者予以赔付或者是招致罚款；过去使用的机器设备会因某一法律法规的颁布而受到限制，必须进行某些技术改造，或不得不报废；某些排放污染物的设备要出售，其价值将远远低于其账面价值；由于消费者防治污染意识的提高而自发的抵制产生污染的产品或生产厂家，以及环境法律法规的逐渐严格，等等。所有这些因素，都会使产生污染物的机器设备的真实价值低于账面价值，并有逐步降低的趋势。

7）存货环境影响比率

$$存货环境影响比率=因环境导致存货的减值（增值）/存货$$

由于法律法规的调整，某些存货项目将受到限制甚至是报废；某些存货项目的生产、储运、销售和使用需要花费额外的代价；同时，有些存货项目，如有毒化学物品和含有放射性物质的物品大多具有专用性而使其变现能力受到限制。因此，这些存货的价值事实上是低于其账面价值的，可以用存货环境影响比率来反映。

2. 反映企业环境支出情况的指标

1）资本性环境支出比率

$$资本性环境支出比率=资本性环境支出/环境支出总额×100\%$$

企业的资本性环境支出包括企业购置环境设备支出、建造环保设施支出、购置环保用专利支出、改造现有设备支出、改善生态环境支出及清理污染物支出等。另外，如果企业购入排污权，则应该根据该支出的收益期间，分别列入待摊费用、递延资产或无形资产。企业的资本性环境支出比率越高，其可能占用的企业流动资金越多，对企业的变现能力可能会产生影响，相应地，对企业的资产管理能力的要求也就要求更高。而企业的资本性环境支出比率过低，从长远来看，将不利于企业的可持续生产经营。

2）收益性环境支出比率

$$收益性环境支出比率=收益性环境支出/环境支出总额×100\%$$

收益性支出就是指那些计入净损益的、使某一时期收益或者与某一时期相联系的支出。例如，环保机构运行支出、改进生产工艺支出、改进有毒有害材料支出、排污费支出、回收利用污染物的账面损失、职工环保培训支出等。可见，收益性环境支出可以为企业带来当期或者未来某一时期的环境收益或者环境状况的改善，也就是说，企业的收益性环境支出比率越高越好。

3）处罚性环境支出比率

$$处罚性环境支出比率=处罚性环境支出/环境支出总额×100\%$$

企业的处罚性环境支出比率包括污染物超标罚款支出、污染事故罚款支出、污染赔付支出等众多罚款、赔付和其他形式的惩罚性支出。这些支出对企业来说是一种有损于企业形象的支出，并且，如果涉及数额巨大，可能会对企业的流动资金产生相当的压力，因此，企业的处罚性环境支出越少越好，用相对的比率来表示，就是处罚性环境支出比率越低越好。

4）预防性环境支出比率

$$预防性环境支出比率=预防性环境支出/环境支出总额×100\%$$

预防性环境支出可能既包括企业的资本性环境支出，又包括企业收益性环境支出，区分的关键在于这些支出发生的时间是在事故发生之前、污染产生之前、法规颁布之前，还是恰恰相反，也就是说，关键在于区分这些支出是预防性的，还是评估或者补救性的。因此，企业的预防性环境支出比率越高，企业在环境方面的主动性越强，相关的支出收益等可能发生的事情的可预测性越高，企业的计划及目标实现的可能性也就越大。

3. 反映企业环境收益情况的指标

1）直接收益比率

直接收益比率=直接环境收益/环境收益总额

企业的直接环境收益主要是一些直接减少自然资源的消耗及提高生产效率和环境管理效率之后减少了支出而形成的收益，以及由这些收益所引起的一系列连锁的其他收益。企业通过减少对自然资源的消耗，降低生产经营过程可能对环境产生的损害，来取得其环境收益，这样的企业所取得的环境收益是一种被动的收益。

2）间接环境收益比率

间接环境收益比率=间接环境收益/环境收益总额

间接环境收益越高，企业在环境方面的预防措施越完善，资源的利用效率越高，企业总的环境管理能力也就越强，因而在环境方面的主动性也就越强，对企业的发展也越有利。一般情况下，企业的间接环境收益比率高一些比较好。

4. 企业环境活动的非货币化指标

除了从改进后的三大报表中总结出的、对企业环境活动中可计量的部分进行评价的指标之外，对于企业的那些难以完全用货币计量的企业环境活动，同样可以用指标的形式来对其进行反映，只是这些指标的构成因素不再是（或者不全是）以货币计量的，即非货币化指标。这些非货币化指标可以进一步评价企业的污染防治和环境保护，以及环境管理的情况，通过对它们进行综合分析之后所得出的结果，对那些货币化的指标起到了辅助和补充作用，见表8-5。

表8-5 企业环境活动的非货币化指标

指标名称	计算公式
环境法律法规执行率	企业已经执行的相关环境法规数/相关环境法规总数×100%
主要污染物排放达标率	主要污染源达标排放的主要污染物项目数/主要污染源排放的主要污染物项目数×100%
主要环境质量达标率	主要环境质量达标项目数/主要环境质量项目总数
污染物回收利用率	回收使用的污染物量/企业生产经营活动所产生的污染物总量
单位收入耗用能源	能源耗用总量/总收入

（三）其他评价方法

1. 非计量环境因素的评价方法

在企业的实际生产经营活动中，涉及环境方面的因素很多，一部分因素可以用货币计量或者用其他单位计量，还有一部分环境因素难以计量，这些因素主要在企业的环境报告中得到反映。考虑到这些环境因素自身的特点，可以用一些定性的方法来对其进行分析。例如，将这些难以计量的环境因素归纳为一些比较明确的问题，然后根据对这些问题的回答，将答案分成不同的档次，各档次有着不同的分数。这样就可以获得全部问题的答案的总分数。然后根据行业内的平均水平，将这些分数再分成不同的档次给予评价，从而实现对这些难以计量的环境因素的分析评价工作。

2. 企业环境因素的综合评价方法

将定性分析与定量分析相结合，可以得到一个比较全面的、综合性的分析评价体系。参照传统综合财务评价方法及国有资本金绩效评价的结构，可以将这个综合体系分为定量指标和定性指标两大部分，分别拥有80%和20%的权重。在定量指标中，包含了上述所提到的四大类指标，即企业环境活动总体情况、企业环境支出结构、企业环境收益结构、非货币化指标。这四大类指标各自包含一些具体的指标，对这四类指标分别给予不同的权重，见表8-6。

表8-6　企业环境因素综合评价方法

定量指标（权重80%）		定性指标（权重20%）
指标类别（100分）	具体指标（100分）	评议指标（100分）
1. 环境活动总体情况(40分)	环保设备投资比率（8） 环境负债比率（8） 环境费用比率（8） 环境收益比率（8） 固定资产环境影响比率（8）	1. 环境影响评价制度实施情况（10） 2. 排污申报登记情况（6） 3. 污染事故发生情况（20） 4. 有害物质使用与存储量（8） 5. 各主要污染物的单位能源耗用量（6） 6. 厂区绿化总量及绿化率（8） 7. 污染设施运行率（8） 8. 环保职工人数（8） 9. 环保设备水平（8） 10. 管理人员环境意识（18）
2. 环境支出结构（26分）	资本性环境支出比率（6） 收益性环境支出比率（6） 处罚性环境支出比率（6） 预防性环境支出比率（8）	
3. 环境收益结构（10分）	直接收益比率（5） 间接收益比率（5）	
4. 非货币化指标（24分）	环境法律法规执行率（6） 主要污染物排放达标率（4） 环境质量达标率（4） 污染物回收利用率（4） 单位收入耗能（6）	

从表8-6可以看出，在企业环境因素的综合分析中，各方面的不同因素在经过与标准数据的比较评分之后，被分配以不同的权重，通过加权平均的方法将这些因素进行综合，从而得出最终的评价得分，因此，权重的分配会直接影响到企业环境综合评价得分从而影响最终的综合财务评价得分。

在企业环境综合评价中，对于各项环境财务评价指标的权重从两个方面来确定，一是各个因素的相对重要性。如果在某一方面只用了一个指标来反映，那么这个指标所分配到的权重就会相应多一些；如果有两三个指标（甚至更多）来反映同一个方面的问题，那么这几个指标分别分配到的权重就会稍微少一些。二是专家评议法，通过请一些专家对这些不同指标发表自己的看法，然后对这些意见进行综合，从而得出专家的意见。结合上述两个方面，同时借鉴传统财务分析评价中的权重分配情况，初步确定了企业环境综合状况评价中各指标的权重。然后，考虑到环境问题的重要性及企业对环境综合评价的可接受性，将环境综合评价得分与企业传统财务评价得分按照25%和75%的比例进行加权平均，从而得出最终的综合财务评价得分（樊娜，2006）。

参 考 文 献

阿计. 2012.《环保法重寻生机》专题报道之四 (2002～2012): 重大环境污染事件之十年记录. 民主与法制, (27): 24-28.

比蒙斯. 1971. 控制污染的社会成本转换研究. 会计学月刊, (3): 24-28.

步丹璐, 符刚. 2007. 环境成本控制框架构建. 财会通讯 (综合版), (10): 33-34.

曹华军, 陈晓慧, 刘飞. 2000. 产品生命周期评估的体系结构及其与绿色制造的集成关系. 航空工程与维修, (6): 10-12.

陈刚. 2005. 企业环境成本会计问题研究. 长沙: 湖南大学硕士学位论文.

陈良华, 李志华, 周鹏翔. 2008. 环境会计的成本计量模式研究. 东南大学学报 (哲学社会科学版), 10 (1): 27-35.

陈毓圭. 1998. 环境会计和报告的第一份国际指南——联合国国际会计和报告标准政府间专家工作组第 15 次会议记述. 会计研究, (5): 1-8.

程君. 2005. 企业环境成本控制的新思维——基于价值链的分析与解释. 福州: 福州大学硕士学位论文.

迟晓英, 宣国良. 2000. 价值链研究发展综述. 外国经济与管理, 22 (1): 25-30.

戴立新, 李美叶. 2008. 火力发电企业环境成本的控制研究. 中国管理信息化, (16): 63-66.

樊娜. 2006. 环境会计视角下的企业财务指标分析方法. 北京: 对外经济贸易大学硕士学位论文.

费国超. 2004. 国际贸易中环境成本内部化研究. 长春: 吉林大学硕士学位论文.

冯德连. 2000. 中小企业与大企业共生模式的分析. 财经研究, 26 (6): 35-42.

傅元略. 2004. 价值管理的新方法: 基于价值流的战略管理会计. 会计研究, (6): 48-52.

高洋, 刘志峰, 黄海鸿, 等. 2008. 绿色产品加权 MET 矩阵的评估方法研究. 机械设计与研究, 24 (3): 10-14.

葛晓梅. 2006. 企业环境成本核算与控制研究. 西安: 西北工业大学硕士学位论文.

郭道扬. 1989. 会计控制论 (上). 财会通讯, (7): 7-10.

郭道扬. 2008. 会计史研究——历史、现实、未来 (第三卷). 北京: 中国财政经济出版社.

郭晓梅. 2003. 环境管理会计研究: 将环境因素纳入管理决策中. 厦门: 厦门大学出版社.

郭毅. 2010. 包钢集团供应链成本控制研究. 物流科技, 33 (3): 41-43.

胡晓春. 2006. 绿色会计的要素确认及计量. 西北师大学报 (社会科学版), 43 (3): 129-132.

黄苹. 2008. 中国环境库兹涅茨曲线: 空间计量模型分析. 统计与决策, (16): 92-94.

蒋卫东. 2002. 环境成本信息在荷兰环境管理中的应用及启示. 中国环境管理, (2): 25-27.

焦跃华. 2001. 现代企业成本控制战略研究. 北京: 经济科学出版社.

金占明. 1999. 战略管理——超竞争环境下的环境. 北京: 清华大学出版社.

井上寿枝, 西山久美子, 清水彩子. 2007. 环境会计的结构. 北京: 中国财政经济出版社.

孔莉萍, 赵银德. 2005. 基于清洁生产的企业环境成本控制探讨. 江苏商论, (8): 109-110.

劳爱乐, 耿勇. 2003. 工业生态学和生态工业园. 北京: 化学工业出版社.

李秉祥. 2005. 基于 ABC 的企业环境成本控制体系研究. 当代经济管理, 27 (3): 76-80.

李春辉 . 2009. 煤炭企业环境成本及其核算研究 . 青岛：山东科技大学硕士学位论文 .

李虹，刘晓平 . 2008. 企业环境成本核算研究——基于资源流的分析 . 财经问题研究，（9）：108-112.

李华俊 . 2003. ERP 系统框架下的制造型企业环境成本管理研究 . 成都：四川大学硕士学位论文 .

李连华，方婧 . 2007. 企业环境会计应用状况调查报告——来自浙江的实践 . 财会通讯，（5）：70-72.

李彦 . 2008. 基于价值链的企业财务战略研究 . 成都：西南财经大学博士学位论文 .

李玉萍，冀祥 . 2008. 基于业绩三棱柱的企业环境业绩评价指标研究 . 生产力研究，（7）：147-150.

梁轩 . 2006. 企业环境成本内在化问题研究 . 成都：西南财经大学硕士学位论文 .

林万祥，肖序 . 2002. 企业环境成本研究的国际比较 . 四川会计，（8）：23-24.

刘刚，高轶文 . 2003. 企业环境业绩与财务业绩指标的结介 . 北京：中国财政经济出版社 .

刘继青，唐立峰 . 2007. 矿区环境成本核算及控制策略 . 集团经济研究，（01S）：311.

刘娜 . 2004. 企业环境成本的研究 . 福州：福建农林大学硕士学位论文 .

刘志英，张华，陈银飞 . 2006. 基于可持续发展理念的企业环境成本控制探讨 . 商业现代化，（01Z）：50-51.

吕南，郭志刚，刘仕华 . 2007. 海洋原油运输的环境成本控制 . 石油库与加油站，16（2）：1-4.

罗伯·格瑞，简·贝宾塞 . 2004. 环境会计与管理（第 2 版）. 王立彦，耿建新译 . 北京：北京大学出版社 .

马林 . 1973. 污染的会计问题 . 会计学月刊，（2）：18-22.

迈克尔·波特 . 1997. 竞争优势 . 陈小悦译 . 北京：华夏出版社 .

毛洪涛 . 2000. 对企业环境成本应用的一些探讨 . 会计研究，（6）：55-59.

孟凡利 . 1997. 加拿大特许会计师协会在环境与审计方面的努力及成果 . 广西会计，（10）：40-42.

孟凡利 . 1999. 环境会计研究 . 大连：东北财经大学出版社 .

邵洪，张力军，张义生 . 1997. 环境管理学与可持续发展 . 环境保护，（2）：22-24.

世界资源研究所 . 2003. 国际著名企业管理与环境案例 . 北京：清华大学出版社 .

孙晶 . 2006. 环境成本会计中外比较与借鉴 . 内蒙古科技与经济，（9）：20-22.

田志莹 . 2007. 企业环境成本管理与控制之我见 . 会计之友，（5）：32-33.

汪炎汝 . 2008. 企业环境成本计量的投入产出模型 . 上海经济研究，（1）：72-77.

王简 . 2006. 可持续发展的保障——企业环境成本控制 . 中央财经大学学报，（1）：88-89.

王金南，逯元堂，曹东 . 2005. 环境经济学：中国的进展与展望 . 中国地质大学学报（社会科学版），（5）：7-10.

王立彦 . 1995. 生态环境成本核算论略 . 统计研究，（3）：19.

王立彦 . 1998. 环境成本核算与环境会计体系 . 经济科学，（6）：53-63.

王丽芬 . 2006. 印染企业建立环境会计核算体系的研究 . 天津：天津工业大学硕士学位论文 .

王文亚 . 2006. 制造企业 ERP 应用模式研究 . 哈尔滨：东北林业大学博士学位论文 .

王毅，陈劲，许庆瑞．2000．基于生命周期的生态设计探讨．中国软科学，(3)：117-119．

王跃堂．2002．环境成本管理：事前规划法及其对我国的启示．会计研究，(1)：54-57．

王兆华，武春友．2002．基于工业生态学的工业共生模式比较研究．科学学与科学技术管理，23 (2)：66-69．

吴君民，张允晓．2009．基于产品全生命周期的环境成本控制研究．会计之友（中旬刊），(10)：29-31．

吴玉祥．2004．环境成本会计方法研究．大连：东北财经大学硕士学位论文．

夏颖．2006．价值链理论初探．理论观察，(4)：136, 137．

肖序，胡科．2006．论生命周期的环境作业成本法．商业研究，(8)：49-51．

肖序．2002．环境成本论．北京：中国财政经济出版社．

徐泓．1998．环境会计理论与实务研究．北京：中国人民大学出版社．

徐玖平，蒋洪强．2003．制造型企业环境成本控制的机理与模式．管理世界，(4)：96-102．

徐玖平，蒋洪强．2007．制造型企业环境成本的核算与控制．北京：清华大学出版社．

徐嵩龄．2008．中国环境破坏的经济损失计量与研究．北京：中国环境科学出版社．

徐瑜青，王燕祥，李超．2002．环境成本计算方法研究——以火力发电厂为例．会计研究，(3)：49-53．

徐瑜青，王燕祥，于增彪．2003．环境成本计划和控制的生命周期全成本法．上海环境科学，22 (8)：559-563．

许家林，孟凡利．2004．环境会计．上海：上海财经大学出版社．

许磊．2004．论环境会计的计量和报告．武汉：武汉大学硕士学位论文．

薛庆林，赵黎明，孙振清．2006．一个新的竞争方式：发布企业环境报告．西北农林科技大学学报（社会科学版），(3)：98-103．

杨锡怀．1999．企业战略管理理论与案例．北京：高等教育出版社．

姚圣．2009．环境会计控制问题研究．徐州：中国矿业大学博士学位论文．

易红霞．2006．以循环经济理念为导向的企业环境成本管理研究．苏州：苏州大学硕士学位论文．

于启武．2000．环境管理标准化理论与方法．北京：首都经济贸易大学出版社．

岳荣华．2004．环境会计的核算体系设计与实证分析．成都：西南交通大学硕士学位论文．

张白玲．2003．环境核算体系研究．北京：中国财政经济出版社．

张杰，李玉萍，景崇毅．2005．基于环境质量的企业环境成本控制研究．科学管理研究，23 (5)：27-30．

张靖．2006．企业环境成本计量研究．武汉：武汉理工大学硕士学位论文．

张磊．2009．基于价值链的建筑企业成本管理研究．北京：北京工业大学硕士学位论文．

张丽伟．2004．企业环境会计理论与应用研究．成都：电子科技大学硕士学位论文．

张蓉，王京芳，陶建宏．2004 基于生命周期成本法的环境成本分析方法研究．软科学，18 (6)：8-11．

张蓉．2005．基于生命周期的企业环境成本核算及应用．西安：西北工业大学硕士学位论文．

张思纯，孙兴华．2008．绿色会计计量初探．会计之友，(1)：22-23．

张天蔚，甄国红．2008．运用作业成本法核算企业环境成本．财会月刊，(3)：38-40．

张同全，张洪友．2007．一个360度要素函数计量模型：对人力资本价值要素函数模型的修订．重庆工学院学报（社会科学版），21（6）：18-24.

张旭丽，张巨勇，王亮．2008．论环境会计、环境规制与产业可持续发展的关系．科技创新导报，（6）：152-153.

张亚连．2004．企业环境会计基本理论与实务研究．长沙：中南林业科技大学硕士学位论文．

张亚连．2008．基于价值链分析的环境成本计量模型．统计与决策，（3）：58-60.

张银华．2007．试析循环经济下企业环境成本控制的实施．商业会计，（11）：20-21.

张英．2005．构建我国环境会计体系的研究．哈尔滨：东北林业大学博士学位论文．

郑莹．2008．基于循环经济的环境成本管理模式．时代经贸，6（5）：48-49.

中华人民共和国国家统计局．2009．中国统计年鉴2009．北京：中国统计出版社．

中华人民共和国国家统计局．2010．中国统计年鉴2010．北京：中国统计出版社．

中华人民共和国国家统计局．2011．中国统计年鉴2011．北京：中国统计出版社．

仲媛媛，张华．2007．基于生态设计的企业环境成本控制．财会通讯（理财版），（9）：43-45

周丽娟．2005．企业环境会计研究．合肥：安徽农业大学硕士学位论文．

周律．2001．清洁生产．北京：中国环境科学出版社．

周书灵，谢永．2009．基于生态绩效的企业环境成本模型分析．商业时代，（9）：34-35.

朱庆华．2004．绿色供应链管理．北京：化学工业出版社．

朱庆华．2008．基于绿色供应链的产品生态设计模型与方法研究．管理学报，5（3）：360-365.

Beams F A，Fertig E. 1971. Pollution control through social cost conversion. The Journal of Accounting，（3）：37-42.

Beer M，Cuntin C，Hoyt L. 1998. Environment cost management . Management Accounting，（9）：51-52.

Burnett R D，Hansen D R R，Quintana O. 2007. Eco-efficiency：achieving productivity improvements through environmental cost management. Acounting and the Public Interest，7（1）：66-92.

Chandler A D. 1978. The United States ：evolution of enterprise//Mathias P，Postan M M. The Cambridge Economic History of Europe，Vol. VII，The Industrial Economies ：Capital，Labor and Enterprise，Combridge UP.

Epstein M J，Freedman M. 1994. Social disclosure and the individual investor. Accounting，Auditing and Accountability Journal，7：94-104.

Gereffi G，Humphrey J，Sturgeont. 2002. The Governance of Global Value Chains. http：//www. ids. uk/globalvaluechains［2008-04-20］.

Gereffi G. 1999. International trade and industrial upgrading in the apparel commodity chain. Journal of International E Conomics，（48）：37-70.

Gray B，Bebbington J，Walters D. 1993. Accounting for the Environment. London ：ACCA.

Gray R，Bebbington J，Diane W. 1993. Accounting for the environment. M. Wiener Pub.

Guenster N，Derwall J，Bauer R，et al. 2005. The Economic Value of Corporate Eco- Efficiency. http：//www. global100. org/The% 20 Corporate % 20Value% 20of% 20Eco- Efficiency. pdf ［2008-04-20］.

Japan Environment Agency. 2002. Developing Environmental Accounting System (Year 2003 Report) .

Kaplinsky R. 2000. Spreading the Gains From Globalization: What Can Be Learned From Value Chain Analysis? . Institute of Development Studies, IDS Working Paper.

Kitzman K A. 2001. Environmental cost accounting for improved environmental decision-making. Pollution Engineering, (12): 15 19.

Lin X N, Polenske K R. 2005. Input-output anatomy of Chinese energy use changes in the 1980s . The Review of Income and Wealth, (7): 33-36

Lindblom C K. 1994. The implication of organization legitimacy for corporate social performance and disclosure. Paper Presented at the Critical Perspective on Accounting Conference, New York, USA.

Lucas A. 2005. First steps taken in consolidating environmental report. Chemieal Week, 156 (9): 9

Maddison D, Curves K. 2006. A Spatial Environment Econometric Approach. Journal of Environment Economics and Management, (51): 33-34.

Marlin J T. 1973. Accounting for pollution. The Journal of Accounting, (2): 18-22.

Model A L. 2008. Validation in spatial econometrics: a review and evaluation of alternative roce-dures. International Regional Science Review, (3): 279-316.

Mttchell B, Carson C, Louis H. 1998. Environment cost management . Management Accounting, (9): 51-52.

Porter M. 1985. Competitive Advertage: Creating and Sustaining Superior Performance . New York: The Free Press.

Rimer A E. 2000. Identifying, reducing, and controlling environmental costs. Plant Engineering, 54 (3): 114 .

Shank J, Govindarajan V. 1993. Strategic Cost Management: Ten New Tool for Competitive Advantage. New York: The Free Press.

企业环境成本控制的
案例应用

不同行业的企业环境成本控制案例有不同的特点，这些案例能够反映和揭示企业环境成本控制行业的特点和状况，本书通过典型案例的剖析，为企业环境成本控制提供借鉴。

附录一　A公司环境成本控制案例——造纸业①

之所以选择造纸业，一方面是因为该行业具有环境成本研究的一般意义。一直以来，造纸企业都具有较高的环境污染成本，造纸行业的废水排放主要成分——COD排放量占到全国工业总排放量的三成，是中国七大水系结构性污染的"主要贡献者"；同时，废纸回收利用率不及世界平均水平的一半。在可持续发展的环保主义推动下，现代造纸业投入清洁生产和废水治理的成本开始逐渐增多。在节能与生产效率提升方面，现代造纸行业正在朝企业经营与环境保护统一的方向发展，它们通过在造纸技术中改良造纸化学品、开发大型高速造纸机等，致力于降低造纸用水量和污染物负荷；并且围绕林、浆、纸一体化的环节整合，让造纸企业担负造林的责任，从根本上解决木材原料短缺的问题，即通过发展生态造纸，形成以纸养林、以林促纸的产业格局。另一方面是因为造纸企业的产品属于快速消费品，是与国民生活息息相关的产品，中国纸网数据显示，在2007年纸与纸板表观消费前五位的国家中，中国以超过7000万吨的消费量排名第二，这意味着中国已成为世界第二大纸品消费市场。同时，该行业又肩负着解决环境污染和节约资源的责任，在此基础上，需要该行业不断探索循环经济和环境管理中的先进技术与管理方法，为企业可持续发展与环境和谐创造条件。

一　基本情况介绍

A公司是我国国家级包装纸板开发生产基地。经过十几年的发展，已经形成了以造纸为龙头，集纸制品加工、商务印刷、供热、供电及贸易于一体的具

---

① 该案例是作者与2008级江西理工大学硕士研究生李云在实地调研的基础上编写而成的

有自营进出口权的现代化大型包装企业集团。公司长期专注于包括高档牛皮箱板纸、白面牛皮卡纸和高强度瓦楞原纸在内的高档包装纸的生产与销售，已形成年产 77 万吨高档包装纸板的生产能力，其中超过 70% 的销售收入来源于高档牛皮箱板纸（包括白面牛皮卡纸）。以下就是公司环境保护的情况。

（一）工艺环保

公司生产所需主要原料为木浆和废纸，与以非木纤维为主要原料的造纸企业相比，公司生产过程中不产生黑液，而且废水量少。吨纸污水排放量控制在 6～15 吨，远低于行业 60 吨的平均水平。而且公司以回收利用的废纸为主要原料，生产过程中对原生木浆的耗用量小，可减少林木资源的砍伐，保护生态环境。

（二）设备及技术环保

（1）公司自成立以来没有发生污染事故和纠纷，也没有因违反环保法律法规而受到处罚，为了加强环境保护工作，公司建立了《环境污染防治制度》等，按照 ISO14001：2004 标准要求建立公司环境管理体系，并通过了万泰认证中心 ISO14001：2004 环境管理体系认证，公司具备较强的应对国内环保政策及标准化的能力。

（2）公司产生的废水主要为碎浆车间浆料洗涤筛选排出的废水，另有造纸车间的多余白水及少量生活污水等。造纸车间产生的白水经循环回用后，部分白水集中至白水池，用于造纸车间的损纸水力碎浆机，多余部分的白水送白水回收装置，处理后澄清白水回用于碎浆车间和造纸车间，基本实现造纸白水的封闭循环。同时生产工艺中无化学制浆的过程，车间外排废水的污染程度较低，主要含纤维填料等悬浮物及有机耗氧物质。

公司的污水处理系统对生产过程中产生的废水进行一级沉淀、生化处理和二级沉淀。处理后的废水再进行回收利用。在公司对污水回收系统进行检修或需要对生产用水进行更新的情况下，公司的废水经处理达标后，才允许排入市污水处理工程管网。

（3）绿化布置采用点、线、面方式，充分利用不宜建筑的边角隙地，对不规则用地进行规则化处理，取得别开生面的环境美化效果，重点在厂房区绿化，做到绿化层次分明。主要道路两侧利用乔木、灌木及草本植物组成绿带，充分发挥绿化对道路及道路两侧建筑的遮阴、美化等方面的作用。管线用地上绿化，种植的乔、灌木应满足有关间距要求，架空管线下，铺设草坪，种植花卉。使整个厂区构成一个优美的空间环境。

（4）回收办公废纸生产脱墨浆取代漂白木浆生产白面牛皮卡纸技术，每吨纸成本降低了 300 元以上。

二 A 公司业务的会计核算

（一）核算方法介绍

公司在会计核算中，执行国家颁布的企业会计准则及补充规定。

1. 会计年度

自公历 1 月 1 日至 12 月 31 日。

2. 记账本位币

采用人民币为记账本位币。

3. 记账基础和计价原则

以权责发生制为记账基础，以历史成本为计价原则。

4. 坏账核算方法

坏账损失采用备抵核算。坏账准备计提采用个别认定法和账龄分析法相结合。坏账确认标准为：①因债务人破产或死亡，以其破产财产或遗产清偿后，仍不能收回的应收款项；②因债务人逾期未履行偿债义务并且具有明显特征表明无法收回的应收款项。以上确实不能收回的应收款项，报经总经理或董事会或股东大会批准后作为坏账转销。

5. 存货核算方法

存货按原材料、库存商品、低值易耗品和委托加工物资等科目进行核算。各种存货按取得时的实际成本记账，发出时采用加权平均法计价。

6. 成本、费用核算方式

各个车间领用的直接材料、发生的直接人工按产品类别计入生产成本，采用后进先出法。用于生产车间和行政管理部门为管理和组织生产发生的材料费用计入"生产成本—辅助生产成本""制造费用""管理费用"。两个生产车间所发生的间接费用包括折旧、修理、办公费、机物料消耗、劳动保护、租赁费、保险费等计入"制造费用"进行分配。辅助生产车间所发生的费用采用交互分配法核算，在月末计入当月制造费用。月末采用约当产量法，将当月生产成本在完工产品和未完工产品中分配。月末生产成本账户余额即为在产品成本。产品销售成本核算分品种、规格，采用月末一次加权平均法核算。

7. 固定资产核算

公司固定资产的标准：①使用期限超过一年的房屋及建筑物、机器、机械、运输工具及其他与生产、经营有关的设备、器具、工具等；②单位价值在 2000 元以上，并且使用期超过 2 年的，不属于生产、经营主要设备的物品。折旧采用直线法平均计算，并按各类固定资产的原值和估计的经济使用年限扣除残值（原值的 3%、5%）制定折旧率。具体折旧率如下：房屋建筑物，8~40 年的折旧率是 2.375%~12.125%；机器设备，5~15 年的折旧率是 6.33%~19.40%；运输设备，6~12 年的折旧率是 7.92%~16.17%；电子及其他设备，5~10 年的折旧率是 9.50%~19.40%。

8. 税、费核算

按照企业会计准则的要求进行税费核算。税项包括所得税、增值税、营业税、城建税、农村教育费附加、教育费附加和水利建设基金。

9. 废弃物核算

没有单独核算，没有将废弃物有关的成本、收益从其他成本收益类账户中分离出来，通常通过"其他业务收、支"科目。公司生产过程中产生的污染物主要为废水，公司已经完成废水处理工程的改造，引进国外先进的"D、A、F"气浮水处理系统，同时加强对造纸车间源头管理。通过对造纸白水的回收利用、网部改装移动喷水管及经废水处理后的二次循环使用，公司的废水排放水平远低于国家排放标准，并且排放量仍在不断减少，环保达标情况良好，也能满足公司生产用水的需求。

（二）A 公司与环境有关的业务核算

公司为资源综合利用企业，主要生产原料为废纸和木浆。20××年，公司原材料使用占成本的 65.25%，其中按重量计废纸占比 93.26%，木浆占比 6.74%；按金额计废纸占比 80.52%，木浆占 19.48%。国内废纸的主要来源是向当地再生资源企业采购，企业也可以自行从国外进口废纸。

这里，主要是参照公司的造纸车间的两种主要产品的生产过程进行的分析，其中，10# 机主要是生产高档牛皮箱纸板，11# 主要是生产高强度瓦楞纸。公司蒸汽由地方热电厂供给，故无锅炉烟气。因此，生产过程中没有产生大气污染的状况。公司的生产用电来自华东电网，公司根据实际使用电量向电力局运营部门支付电费。因此，没有产生对环境的污染。

废塑料送当地热电厂 130 吨/年造纸污泥及废渣焚烧锅炉焚烧处理，造纸车间现有造纸废弃物焚烧炉 1 台，焚烧炉目前实际处理量为 45 吨/天，焚烧炉废气排放量见附表 1-1。

附表 1-1　焚烧炉废气污染物排放量

污染物	烟气量/(标态立方分米/年)	烟尘/(吨/年)	SO_2/(吨/年)	NO_x/(吨/年)	HCl/(吨/年)
产生量	5.68×10^7	387.38	26.92	3.73	3.59
排放量	1.01×10^8	4.04	15.96	3.33	3.42

20××年具体的环境事项，公司有以下的核算（单位：万元）：

（1）20××年共购买进口废纸 228 404 吨，平均价格为 1189.17 元/吨，共计 27 161.18 万元。

公司正常的账务处理为

借：原材料　　27 161.18
　　贷：银行存款　　27 161.18

（2）20××年年初，公司投入 1 010 万元用于环保产品与技术的开发研究。

公司正常的账务处理为

借：管理费用　　1010
　　贷：银行存款　　1010

（3）20××年共发生废水治理费用为 566.67 万元。

公司正常的账务处理为

借：制造费用　　566.67
　　贷：银行存款　　566.67

最终，通过分配，计入到了产品的成本中。

借：生产成本——高档牛皮箱纸板　　225.86
　　　　　　　——高强度瓦楞纸　　　23.07
　　贷：制造费用　　566.67

（4）20××年 6 月投资 850 万元购买废水回收设备。

公司正常的账务处理为

借：固定资产　　850
　　贷：银行存款　　850

对于该项固定资产，企业按照采用直线法提取折旧，预计净残值为原值的 3%，折旧年限为 15 年，年折旧额为 55.25 万元，月折旧额为 4.6 万元。

公司正常的账务处理为

借：制造费用　　27.625
　　贷：累计折旧　　27.625

由于 11# 机利用 10# 机的废渣进行造纸，所用生产用水来自造纸车间废水处理站初沉池，产生废水回到废水处理站。考虑到烘干工段水蒸气的损耗，排水量应略小于用水量，故 11# 机不会产生多余的废水。因此，造纸车间排放的废水可以认为全部是 10# 机的废水。

最终，计入 10# 生产的高档牛皮箱纸板产品的成本中。

借：生产成本——辅助生产成本　　27.625
　　贷：制造费用　　27.625

（5）20××年年底共支付废水排污费 227.24 万元，废弃排污费 1.8 万元。

公司正常的账务处理为

借：管理费用　　227.24

　　贷：其他应付款——应付废水排污费　　227.24

借：管理费用　　18 000

　　贷：其他应付款——应付废气排污费　　1.8

实际支付时：

借：其他应付款——应付排污费　　229.04

　　贷：银行存款　　229.04

（6）20××年年底共发生废物填埋费 397.67 万元。

公司正常的账务处理为

借：管理费用　　397.67

　　贷：其他业务支出　　397.67

实际支付时：

借：其他业务支出　　397.67

　　贷：银行存款　　397.67

（7）20××年发生绿化费 200 万元。

公司正常的账务处理为

借：管理费用　　200

　　贷：银行存款　　200

从以上的会计业务来看，公司的会计核算存在以下的问题：

（1）公司没有开设环境成本账户，无法体现与环境有关的支出信息；

（2）同大多数制造型企业一样，将大部分与环境有关发生的费用，通过制造费用账户汇集，分摊计入某种产品成本；而排污费则保留在期间费用账户中，不分配到任何特定的产品中去。

三　基于生态效率的公司环境成本核算

基于生态效率的环境成本核算对该公司的环境成本进行再次确认、归集，即按照前述章节所介绍的核算基本框架来计算，采用将生命周期成本法与作业成本法相结合的计量方法。

（一）A 公司环境成本的确认

1. A 公司产品研发阶段环境成本确认、计量

A 公司产品研发阶段环境成本确认、计量如附表 1-2 所示。

附表1-2 A公司产品设计开发阶段的环境成本确认、计量

阶段	环境成本	计量方法	参量	计量结果/万元
设计开发阶段	环境事业费	研究支出	历史成本法	全年的主营业收入为98 075万元，环保研发费占比1.03%	1 010
总计				1 010

2. A公司原料加工、产品生产阶段环境成本确认、计量

A公司原料加工、产品生产阶段环境成本确认、计量如附表1-3所示。

附表1-3 A公司原料加工、产品生产阶段环境成本确认、计量

阶段	环境成本内容		计量方法	参量	计量结果/万元
材料加工与产品生产阶段	环境治理费用	废水处理	历史成本法		566.67
		环境治理设备累计折旧	历史成本法	年折旧率为6.5%	55.25
	环境补偿费用	废水排污费	历史成本法	废水排放量为171.02万立方米 废水排放收费单价为1.33万元/万立方米	227.24
		废气排污费	历史成本法	废气的收费单价为0.6元/千克①	1.8
	环境发展费用	企业绿化费	历史成本法		200
	环境预防费用	治理环境设备投资	全额计量法	废水回收设备投资850万元	850
	环境事业费用	环保项目和工艺技改项目投资	全额计量法	45吨再生环保包装技改项目投资18 794.25万元	18 794.25
总计					20 639.96

注：①根据国家环境保护总局、国家计委、财政部《关于在杭州等三城市实行总量排污收费试点的通知》（1998）中关于废气排放标准的规定

3. A公司产品废弃阶段的环境成本确认、计量

公司生产过后最终的固体废物主要为铁丝、砂渣、浆渣、废塑料片、生活垃圾，砂渣外运填埋处理。这个阶段是对砂渣和生活垃圾的填埋支出，如附表1-4所示。

附表1-4　A公司产品废弃阶段的环境成本确认、计量

阶段	环境成本内容		计量方法	参量	计量结果/万元
废弃阶段	环境治理费用	废弃物焚烧、填埋支出	历史成本法	固化填埋处置为2元/千克①	397.67
总计					397.67

注：①根据浙江省有关地方医疗废弃物及工业废物处置收费标准

（二）A公司环境成本的计算

1. 按照作业成本法，设置作业库，确定成本动因

作业成本库分析如附表1-5所示。

附表1-5　作业成本库分析表

编号	作业成本库	成本动因	是否是环境成本
1	环保项目研发作业成本	项目数量	是
2	10#机废水处理运行作业成本	COD、BOD$_5$、NH$_3$—N、SS 的排放量	是
3	环保部门的废水排污费	废水排放量	是
4	11#机废弃物回收利用作业成本	浆渣排放量	是
5	废弃物处理作业成本	废弃物排放量	是
		有毒气体排放量	是

2. 企业环境成本的计算

（1）A公司20××年环境成本计算如附图1-1所示。

（2）环境成本表，披露环境成本信息，如附表1-6所示。

由附表1-6得知，三个生命周期阶段共产生了22 075.255万元的环境成本，而该公司的高档牛皮箱纸板和高强度瓦楞纸的产量分别为21.93万吨、2.24万吨，当年公司总产量为55.02万吨，因此，该企业的单位环境成本约为400.72万元/万吨。

根据作业成本法，对于生产过程中产生的排污费还应进行分配并计入相应产品的产品成本中去。其中，废水排污费227.24万元就应计入到高档牛皮箱纸板的总成本；废气排污费是在生产两种产品时产生的，应该按照作业成本法将其分配到这两种产品中去。

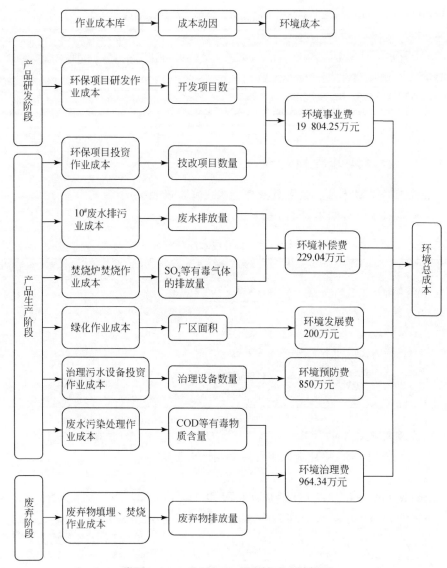

附图 1-1　A 公司 20××年环境成本计算图

附表 1-6　A 公司 20××年度环境成本支出　（单位：万元）

项目		本期金额
1. 环境保护成本		
环境治理费用	废水污染处理	566.67
	环保设备折旧费用	27.625
	固体废物填埋焚烧费用	397.67

续表

项目		本期金额
环境预防费用	固定资产环保改造支出	850
环境补偿费用	废水超标排污费用	227.24
	废气超标排污费用	1.8
环境发展费用	绿化费	200
环境事业费用	环保项目及技改投资支出	18 794.25
	环保研究开发支出	1010
2. 环境资源消耗成本	自然资源	
	生物资源	
3. 环境损害成本		
环境损害成本	大气污染损害成本	
	水污染损害成本	
	土壤损害成本	
总计		22 075.255

$$废气排污作业成本动因率 = 作业成本 / 污染物的污染当量数$$
$$= 18\ 000 / 172.5 = 10.4$$

再根据两种产品的作业动因的单位数分配到各个产品的成本中去。

由以上环境成本的计算过程中可以看出，首先，该企业的环境预防费用和环境事业费用，占全部环境成本比较大的比例，可以看出企业在环境保护、清洁生产方面作出了很大的努力，体现了企业是以建设生态效率型企业为目标，追求环境效益、社会效益和经济效益的统一。其次，企业废水治理费用，也是企业治理环境污染的体现。

(三) 优点及启示

1. 基于生态效率的 A 公司环境成本核算的优点

(1) A 公司属于高污染企业，从生态效率出发，企业不再是被动地保护环境、反映环境成本信息，而是体现了企业承担环境责任的主动性和积极性，表现在：一是企业更多关注的是提高资源、能源的利用率，减少浪费；二是采用可再生资源去替代不可再生资源，充分体现了可持续发展的企业战略。通过从生态效率出发核算环境成本，连接了各项与环境有关的支出，不仅降低了成本，节约了资源，控制了污染，最终也达到了企业生态化发展的目标。

(2) 通过将作业成本法与生命周期成本法两种核算方法相结合，更清楚地确认归集了企业所发生的可计量的环境成本，并通过账户和会计处理将归属于产品成本的环境成本分配到具体的产品中去。

(3) 对于 A 公司环境成本的账户科目设置，能够记录企业所发生的与环境有关的业务，更明确地反映了企业环境成本信息，完善了 A 公司的会计核算。

2. 案例启示

(1) 环境成本核算是成本核算的一个部分，制造型企业应该摒弃以往不合理的分配方法，根据各自的情况采用作业成本法进行成本分配，只有在更大的、合理的环境下，才能从生态效率的角度核算环境成本。

(2) 成本核算是一个复杂而烦琐的过程，在一个环保意识强烈的企业里，高素质的会计人才是不可或缺的。实施全方位、全过程的环境成本核算、环境成本管理和控制，要求财务人员掌握由多种学科交叉渗透而形成的应用学科——环境会计，在增强环保意识的同时，不断提高专业水平。

(3) 只要企业决策层以生态效率为目标，都可以按照上述思路，结合本企业的具体情况，对企业的环境成本加以确认与计量，并最终结合作业成本法将环境成本分配到适当的产品上去。

附录二　B 公司环境成本控制案例——特殊制造业①

一 公司规模和历史沿革

B 公司是国内少数几家专业从事受话器、微型扬声器等微电声器件研发、生产和销售，并以自己的品牌面向国际市场的企业之一，主要为通信终端产品及便携式数码电子产品等行业的知名制造商提供微电声器件。近三年来，受话器产品的销售量和出口创汇额均为国内同行业第一名。

B 公司由 10 名自然人于 2000 年 5 月出资设立，取得企业法人营业执照，注册资本 1000 万元；后经三次整体变更，截至 2006 年 11 月 8 日，公司名称变更为 A 电子股份有限公司，股本为 6000 万股，注册资本为人民币 6000 万元；经中国证券监督管理委员会《关于核准 B 公司首次公开发行股票的通知》（证监发行字〔2007〕381 号）核准，公司于 2007 年 11 月公开向社会发行人民币普通股 2000 万股，股本总额增至 8000 万股，注册资本变更为 8000 万元，并于 2007 年 12 月 7 日取得省工商行政管理局企业法人营业执照。

---

① 该案例是作者与 2007 级江西理工大学硕士研究生邱瑾在实地调研的基础上编写而成的

（一）公司地理位置

B公司位于经济开发区，与上海、杭州、苏州的距离均在100公里范围内，交通便捷。

（二）公司的业务性质和主要经营活动

公司属电子元件行业中的微电声器件行业，公司主营业务为微型受话器、扬声器的生产销售。企业法人营业执照载明经营范围为：通信电声器材的生产、销售，经营进出口业务（国家法律法规限制或禁止的除外）。

（三）公司荣誉

公司是电子元件百强企业，先后被授予"国家级火炬计划高新技术企业""国家发改委高技术产业化示范工程企业""浙江省高新技术特色产业基地骨干企业""首批浙江省绿色企业"等荣誉称号。

公司已经具备从产品设计、模具开发、零部件制造到成品装配及检测、试验一条龙的生产能力，也具备根据工艺需要开发制造自动化专用生产设备的能力。

通过自主研发、引进技术并吸收改进、与知名客户和实力雄厚的科研机构联合进行开发，公司的技术水平进步迅速。公司产品技术总体已达到国内领先、国际先进的水平，各类项目共取得科技成果项目16项，其中3项为国家级重点新产品奖、1项为国家级火炬计划产品奖、3项为省级高新技术产品奖、2项为省级火炬计划产品奖、1项为省级科技进步奖、3项为市级科技进步奖、3项为县级科技进步奖。

公司依靠过硬的产品质量、完善的售后服务及强大的可持续发展能力等诸多优势在市场竞争中屡屡获得先机，赢得了国内外诸多通信终端产品及便携式数码电子产品制造商的信赖，与之建立了战略合作伙伴关系，包括西门子、松下、友利电、NEC、Brother、卡西欧、中兴、华为、联想等。随着2007年成功上市带来的良好效应和公司自身的进步，公司将进一步开拓国内外市场，与更多国内外优质客户建立合作关系。

（四）公司环境管理现状

公司以ISO/TS16949：2002和ISO14001：2004国际标准为基础，建立了持续有效的质量及环境管理体系，形成了优质产品和绿色产品的核心概念。先进的管理理念必须以先进的检测设备为保障。从进料检验、实验资源，实践着"质量无止境，没有最好，只有更好"的承诺。

公司始终坚持"以创新创造未来",建立了一支专业齐备、学风严谨的技术改造队伍,环保型前道车间自动装配机、音膜车间全自动绕线机、振膜成型机、成品装配车间点焊机等的使用,极大地提高了产品的可靠性、稳定性和绿色性。

专业化的研究和开发是企业保持持续发展的基础。公司拥有一支 50 人以上的专业研发队伍,从电声理论、结构设计,到材料分析,研发工程师们坚持严谨的"绿色"思维、务实的学风、高效率的工作,为信息时代的通信电声事业奉献智慧。

公司在各部门的紧密配合下,不断改善质量控制体系,重视创造良好控制环境,倡导绿色环境思想,于 2001 年 11 月即通过 ISO4001 环境管理体系认证,并被授予"首批浙江省绿色企业"荣誉称号。

但是,公司在环境成本控制方面目前几乎还处于空白期,对环境成本的核算仍遵循传统成本核算方式,存在滞后性。随着全球环境产品需求的增长,公司已经感受到全球绿色经济带来的压力,公司的环境成本管理已经不能满足公司成长和客户需要,因此,针对公司现状设计一套全面而完整的环境成本控制体系迫在眉睫。

二 公司实施环境成本控制规划

(一) 实施环境成本控制目标分析

根据公司环境成本控制现状,建立适应企业自身的环境成本控制目标体系,其目标体系设置与制造型企业环境成本控制目标体系相一致,具体如附图 2-1 所示。

(二) 产品环境需求分析——以受话器为例

以受话器为例,介绍公司产品环境需求分析,见附表 2-1。

附表 2-1　产品环境需求分析

环境需求	绿色材料设计	绿色工艺设计	绿色包装设计	产品回收处理
产品环境需求细分	自然分解材料 非涂镀材料 加工污染最小 报废污染最小	节约资源 节省能源 污染最小	绿色包装材料 回收利用技术 包装结构优化 废物回收处理	设计结构易拆卸 可重用部件易识别 结构设计易维修 零部件利用易回收

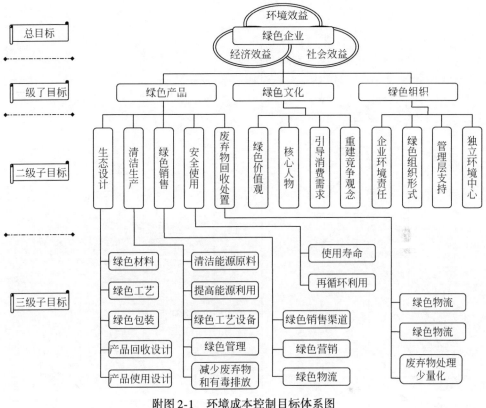

附图 2-1 环境成本控制目标体系图

(三) 基于鱼骨图的制造型产品评估指标体系

1. 建立产品 (以受话器为例) 各环境指数鱼骨图

用鱼骨图建立受话器各环境指数评估指标体系,步骤如下: ①明确要解决的问题; ②组织专家小组进行讨论,找出引发问题原因; ③描绘流程图; ④寻找下一层原因,画在鱼刺上。以受话器环境指数为例,绘出鱼骨图,见附图 2-2。

2. 层次构建及权重计算

将鱼骨图转化为层次模型,见附图 2-3。

完成层次模型后,专家将各层原因对上一层原因的重要程度进行两两比较,构建判断矩阵,然后利用公式 7.1 计算各层权重,最终计算结果见附图 2-4。生命周期 5 个阶段的权重分别为 0.3、0.37、0.16、0.09、0.08。

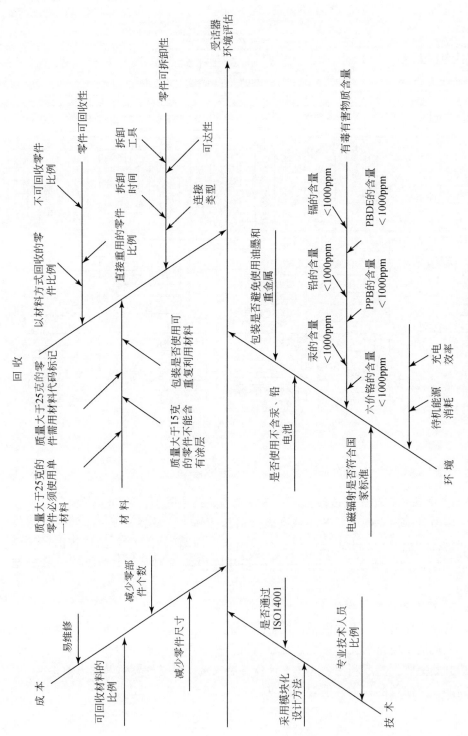

附图 2-2 受话器环境性能评估指标鱼骨图

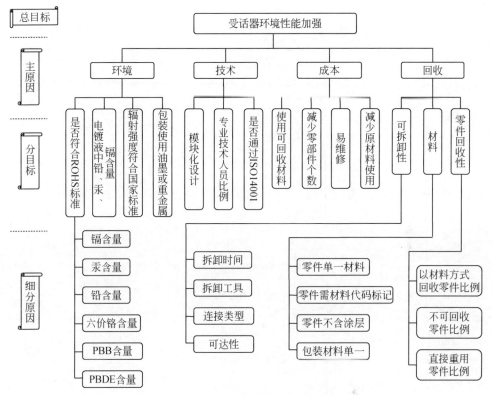

附图 2-3　受话器评估指标层次模型

3. 指标的评估标准

评价指标的打分范围是：0 分、1 分、3 分、5 分。例如，环境指数中的有毒有害物质含量，是参照欧盟 RoHS 指令（Restriction of Hazardous Substances，关于限制在电子电器设备中使用某些有害成分的指令）的标准制定的。目前，企业都能够满足 RoHS 指令，因此，可以根据企业现有的水平提高评估标准。例如，铅的含量≤500ppm① 为 5 分，500ppm<铅的含量≤800ppm 为 3 分，800ppm<铅的含量≤1000ppm 为 1 分，铅的含量>1000ppm 为 0 分。

4. 评估结果

对每个评估指标按照制定的标准进行打分。根据层次分析法权重计算公式计算出各指数的综合重要度，建立 MET 矩阵，如附表 2-2 所示。

———————————

① ppm = 10^{-6}mg/kg

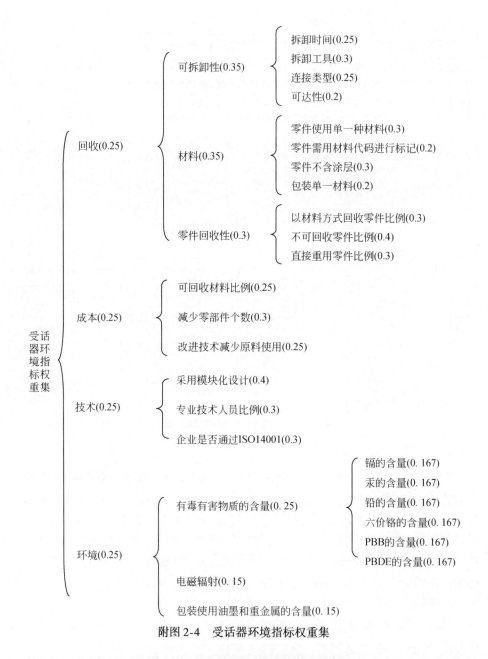

附图 2-4　受话器环境指标权重集

附表 2-2　受话器加权 MET 矩阵评估结果

生命周期　　　绿色指数	回收	成本	技术	环境	各阶段指数和（行）
绿色原材料设计 L_1	0.23	0.36	0.62	0.27	0.41

续表

绿色指数 生命周期	回收	成本	技术	环境	各阶段指数和（行）
绿色工艺设计 L_2	0.21	0.49	0.62	0.24	0.37
绿色包装设计 L_3	0.25	0.51	0.66	0.33	0.41
产品回收设计 L_4	0.19	0.38	0.60	0.30	0.43
绿色供应链设计 L_5	0.32	0.31	0.51	0.21	0.30
各阶段指数和（列）	0.24	0.41	0.60	0.27	—

通过以上评估结果（附表2-2）可以看出，该产品（受话器）整个生命周期阶段的绿色性能不高，其顺序为：$L_3>L_2>L_4>L_1>L_5$，说明受话器在设计时很少采用可回收材料、有毒有害物质的替代技术、提高产品的可拆卸性等方法改进产品的绿色性能，造成产品废弃后难以回收和再利用。该手机的环境指数顺序为：$T>C>E>R$，说明受话器在全生命周期阶段的环境指数和回收指数比较低，表明目前市场上流通的受话器主要注重功能、造型等方面，导致受话器结构复杂，废弃后难以拆卸和回收。附表2-2中的数据表明，受话器在报废处理阶段的环境性指数最低，主要原因是企业没有比较完善的产品回收制度和体系，废弃产品流入到个体回收商手中，个体回收商通常采用焚烧、化学等方法进行回收，造成水、大气等环境污染，而且资源再利用率低下，造成了资源浪费。利用生态设计对产品设计的改进措施可以参照评估指标进行，改进的顺序可参考指标的综合重要度（分值越小影响越大）。

三　B 公司环境成本控制体系构建

（一）基于全过程价值链的产品生态设计方案

由公司产品的环境性能评估结果可以看出，公司进行环境成本控制需首先对产品进行基于生命周期的生态设计，具体方案如下。

1. 绿色原材料设计

根据公司采购物料的性质及其对最终产品环境质量的影响程度，对可用于生态设计的采购物料分为 A 类、B 类、C 类三个级别。

A 类：产品原材料。

（1）环保型磁钢、五金件：对于磁钢和五金件等金属原材料的选择，采用其成分指标较高及其废渣回收利用性能好的原材料。

（2）塑料及注塑件：塑料选取生产过程中有毒排放物相对较少、可回收性强的环保型 PVC 塑料粒子，注塑件关注其抗氧化性。

（3）振膜材料：选用高分子纳米环保膜材料，含有可控光塑料复合添加剂，使用后一定时间内可降解成碎片溶解于土壤中被微生物分解，净化环境。

（4）接线板、漆包线、引线、焊锡丝、胶圈（垫）采用环保型，关注其有害物含量指标。

B 类：胶水、包装、化学品试剂等。

采用绿色环保型企业生产的绿色产品。

C 类：辅助材料：商标贴、海绵、纱网、调音纸、橡皮胶、封箱。

采用绿色环保型企业生产的绿色产品，商标贴、海绵、调音纸选用可多次使用型产品。

2. 绿色工艺设计

（1）节约资源工艺技术。①铝合金可回收振膜、玻璃纤维可回收振膜技术，提高资源利用率；②优化模具、毛坯形状，减少加工余量，降低原材料消耗；③选用新型刀具，延长刀具寿命，降低刀具组成材料消耗；④选择环保型切削液，并尽量减少或取消切削液的使用。

（2）节约能源工艺技术。低能耗磁钢加工技术，减少能耗和噪声，提升加工精度。

（3）污染最小化工艺技术。公司最新研究应用高分子膜材料技术，由无皂乳液聚合形成的具有核-壳结构的高分子聚合物微球交联形成，微球核层由疏水性较强的聚合物形成，壳层由亲水性较强的聚合物形成，微球的直径在纳米级到微米级可调，膜表面经过修饰带有功能基团。在一定条件下，这些功能基团通过发生化学反应可以有效地去除空气中的常见有害气体，如甲醛、苯系物等。改变微球的交联度可以控制膜表面孔径大小，使该类膜可以在去除有害气体的同时吸附物理尘埃。

3. 绿色包装设计

（1）内包装采用环保珍珠棉袋；

（2）外包装选用环保纸袋或可重复利用植物纤维无纺布袋；

（3）包装箱：一律采用环保纸箱；

（4）打包材料选用环保型产品；

（5）包装材料回收措施：①下游分销商包装材料全部回收，获得产品销售价格折扣 2%；部分包装回收（超过 50%）获得价格折扣 1%；部分包装回收（不足 50%）获得产品销售价格折扣 0.5%；部分包装回收（不足 10%）无折扣。②直接客户包装材料全部回收，获得产品销售价格折扣 3%；包装回收超过 70% 获得价格折扣 2%；包装回收 40%～70% 获得产品销售价格折扣 1%；包装回收 10%～40% 获得产品销售价格折扣 0.5%；包装回收不足 10% 无折扣（附图 2-5）。

附图 2-5　环保包装材料

4. 产品回收设计

（1）产品设计结构易拆卸化，有利于回收材料及可重用零部件无损坏。

（2）受话器、喇叭、多功能传感器可重用零部件明确识别。

（3）产品回收措施：下游分销商产品回收超过 50%，获得产品销售价格折扣 2%；回收 10%～50% 获得价格折扣 1%；回收不足 10% 获得产品销售价格折扣 0.5%，不回收无折扣。直接客户产品回收超过 70%，获得产品销售价格折扣 5%；回收 50%～70% 获得价格折扣 3%；回收 10%～50% 获得产品销售价格折扣 1%；回收低于 10% 获得产品销售价格折扣 0.5%；不回收无折扣。

（二）ERP 系统环境成本控制模块设计

由公司环境成本管理现状、环境成本控制目标体系和产品生态设计体系分析，公司环境成本控制宜采用在原有 ERP 系统的基础上添加环境成本控制子模块控制公司环境成本，保证公司环境成本控制目标实现和产品生态设计方案的有效实施。

1. 财务模块

1）环境成本数据收集

根据公司现有 ERP 系统成本核算体系的特点和核算过程，在财务模块中加入环境成本核算子模块，结合成本作业法，将环境成本核算分为以下三阶段（应用 SAP R/3，SAP 是目前全世界排名第一的 ERP 软件）。

第一阶段：期初（制定标准成本）。

SAP R/3 系统的标准成本法根据产品所处生命周期的不同，有两种制定标准成本的方法：①产品生命周期的初始阶段。物料清单 BOM 和工艺路线变动频繁，数量结构没有定型，SAP 允许基于一个人工输入的数量结构进行单位成本核算，而无须成型物料清单和工艺路线，帮助用户产生一个包括物料、内部作业、可变项目和间接附加费的标准成本核算单。②产品生命周期成熟阶段。物料清单 BOM 和工艺路线基本定型，SAP R/3 系统通过定型的数量结构（BOM 和 Routing）、R/3 的成本估算功能及一定的标准成本发布制度，自动计算出产品的单位标准成本。

第二阶段：期中（生产进行中的成本对象控制）。

R/3 系统通过成本对象控制模块提供实时的成本控制功能。生产进行中的成本对象控制和 SAP 的生产计划系统（PP）高度集成，实际成本收集都是由生产部门完成的。财务部门主要是起监控和配合作用。生产和工程部门必须和财务部门协同工作，才能做好实时成本控制。

下面要确定生产方式和收集成本的成本对象。在 SAP 中，生产过程中的实际成本是通过成本对象（cost object）收集的。SAP 对不同类型的生产方式用不同的成本对象进行实时成本控制。例如，一种产品根据订单在几条生产线上重复生产，生产工艺基本相同。这种生产特点符合 SAP 重复制造生产方式的成本收集。成本收集器是针对重复生产的成本对象，用于每个财务期间生产过程中产品实际成本的实时收集。

重复制造中，物料清单和工艺路线包含了更多的信息。物料清单不仅包括生产该产品所需的物料组成，更主要的是表明了这些物料分别是在哪一操作中使用的。重复制造中的工艺路线不仅决定了生产该产品需要经过的操作和计划时间及每个作业类型的计划价格。同时，在工艺路线中把重要的操作定义为报告点（report points）。在报告点上，可以确认该操作实际用的作业时间、原材料数量、报废的坏品数量，并同时确认该报告点半成品或产成品的产出。

建立完成本收集器，还需要为每一个成本收集器建立一个对应的预备成本（preliminary cost）。成本收集器的预备成本是生成成本收集器时系统自动计算产生的。

实时的成本收集是通过预备成本完成的。一种产品可以通过几种工艺路线或物料清单完成，这就需要建立几个成本收集器和几种对应的预备成本，而该产品标准成本保持不变。因此，预备成本也称为先行标准成本，或者将其看做是标准成本的执行成本。通过预备成本与标准成本的比较，可以查看生产工艺的变更是如何影响产品成本的。

预备成本不仅报告总体成本信息，同时包括到每个报告点时所发生的生产成本，这将为后面计算在制品、产品成本差异和计划外坏品做好准备。

制造成本在工艺路线上报告点的完成确认是实际成本数据收集的原始来源。在重复制造生产类型中，报告点上实际作业和实际原材料的确认被称为反冲

（back flush）。

在实际成本收集时，会产生相应的成本凭证（不同于财务凭证）。

（1）实际作业成本收集。SAP 根据实际作业数量和预备成本所对应的作业价格计算出实际作业成本，同时系统产生以下成本凭证。

借：成本收集器（实际作业成本）

　　贷：成本中心（实际作业成本）

（2）实际物料成本收集。SAP 根据实际使用原材料数量和预备成本相应原材料的价格自动计算出实际的原材料成本，同时系统产生以下成本凭证。

借：成本收集器（实际原材料成本）

　　贷：原材料消耗科目（实际原材料成本）

（3）产成品完工入库。当工艺路线最后一个报告点被完工确认后，系统就有产成品产出，系统自动产生以下成本凭证。

借：产成品库存（按标准成本×产出数量）

　　贷：成本收集器（按标准成本×产出数量）

（4）坏品确认。如果有坏品产出，根据坏品是在哪个报告点产生的，系统自动产生以下成本凭证。

借：坏品产出科目（各报告点的预备成本×坏品数量）

　　贷：成本收集器（各报告点的预备成本×坏品数量）

第三阶段：期末（结账并进行差异分析）。

SAP R/3 成本对象的期末结账分为以下五部分。

（1）间接附加费的计算。在实际成本收集过程中，不计算间接附加费，间接附加费在月底结账时计算，计算方法和产品标准成本间接附加费的算法相同，根据借记到成本收集器的实际原材料成本和作业成本，用系统预先定义的成本核算单，由系统自动计算出每个成本收集器的间接附加费，并产生如下成本凭证。

借：成本收集器（间接附加费）

　　贷：间接费成本中心（间接附加费）

在 ERP 系统中对于环境成本的核算和控制主要就体现在间接附加费这个项目中，间接附加费中包含了环境成本。

（2）在制品计算。对于重复制造生产方式，如果到期末，在工艺路线上的报告点还有确认的产出，这就是期末的在制品。这些产出的计算和预备成本的计算方法相同。在制品计算完后，系统会自动把在制品借记在总账的在制品科目，贷记在制品存货变化（贷方）科目。

（3）坏品的计算。在重复制造生产方式下，坏品也是在各个报告点确认的。坏品价值计算方法和在制品的计算方法相同。坏品在 SAP 中被认为是种差异，最后和成本收集器的差异一起被系统自动结算到总账的差异科目。

（4）差异的计算。通过生产过程中倒冲和作业确认借记入成本收集器的成本为实际成本。

成本收集器的成本差异＝实际成本－入仓产成品（按标准成本入仓）－在制品成本－坏品成本。

该差异和坏品成本一起被结算到总账的差异科目。

（5）成本收集器结算。把在制品结转到总账的在制品科目，把坏品成本和成本收集器的成本差异结转到总账的成本差异科目。期末使所有成本收集器的余额为零。

通过以上操作，SAP 系统把在公司内部发生的和生产有关的费用分配给公司的产品，帮助企业管理者计算出生产某类产品实际发生的成本，分析实际成本和标准成本的差异，提高企业的成本控制能力，帮助企业管理者作出各项成本决策，如自制和外包决策、报价底线决策等。

2）公司环境账户设置

根据公司规模、环境管理现状、环境成本控制要求，公司拟采用"中心－卫星"账户核算模式，录入数据将由公司 ERP 系统财务模块自动转入环境成本控制模块。

（1）"中心"账户设置。"中心"核算环境会计中的显性部分，根据相关会计准则与制度，在国家统一规范的总账科目下设置相关明细科目进行核算，核算内容与科目设置如下。

a. 资产类科目设置

资产类科目设置主要包括企业拥有和控制的环保类物资、设备、技术、债权等人工环境资产和能带来的未来经济利益，以及能可靠计量的自然环境资产。资产类有关科目设置如下。

原材料——设"环保材料""资源材料"明细科目。"原材料——环保材料"科目核算企业库存的各种用于环境保护的材料，包括原料和主要材料、辅助材料、外构件等实际成本。

企业购入、自制、委托外单位加工完成并已验收入库的环境材料时，按实际发生金额，借记本科目，贷记"物资采购""生产成本""委托加工物资"等科目；企业接受债务人以非现金资产抵偿方式取得的环境材料，借记"原材料——环保材料""应缴税金——应缴增值税（进项税额）"贷记"应收账款——应收环保款""银行存款"等科目；企业用于供给物资产品的矿产资源的实物耗用，借记"原材料——资源材料"，贷记"累计折耗——矿产资源"等。

低值易耗品——环保低值易耗品，核算企业库存用于环保低值易耗品的实际成本（如环保包装）。企业购入、自制、委托外单位加工完成并已验收入库的环保低值易耗品；企业接受债务人以非现金资产抵偿债务的方式取得的环保低值易耗品，比照"原材料——环保材料"进行会计处理。

材料成本差异——按材料划分的类别下设"环保材料""环保低值易耗品"明细科目，主要核算企业各种环境材料的实际成本与计划成本的差异。

外购环境材料、自制环境材料、委托外单位加工环境材料的成本差异，应依次自"物资采购""生产成本——基本生产——环保直接支出""管理费用——环境保护支出""委托加工物资"等科目转入本科目。当发出环境材料时，应结转该材料负担的成本差异，借记到"生产成本——基本生产——环保直接支出""管理费用——环境保护支出""营业费用——环境保护支出""营业费用——环境保护支出"，贷记本科目。实际成本大于计划成本差异，用蓝字登记，否则用红字登记。

工程物资——环保工程物资，核算企业为环保基建工程、更改工程准备各种环保物资实际成本，包括为工程准备的环保材料、环保专用设备等。

企业购入为工程准备的环保物资，应按实际成本和专用发票上注明的增值税额，借记本科目，贷记"银行存款""应付账款——应付环保款"等科目。

固定资产——环保固定资产，核算企业为预防、治理与控制环境污染而购入的环保固定资产原价。购入环保固定资产时，借记本科目，贷记"银行存款""应付账款——应付环保款"等科目。

累计折旧——环保固定资产累计折旧，核算企业环保固定资产计提的折旧。企业按月计提折旧，借记"管理费用——环境保护支出""制造费用——环境保护支出""营业费用——环境保护支出"等科目。对于计提折旧的比率及方法则依据固定资产的特性予以计提，公司一般采用平均年限法。

固定资产减值——环保固定资产减值，核算企业固定资产由于自身受到污染或对环境产生污染使得原有价值降低，对降低的部分计提的减值准备。计提分两种情况进行：第一种情况，按照环保固定资产账面全额计提环保固定资产减值准备，如由于污染严重或法律法规的规定，已经不能再使用的机械设备；第二种情况，按照可回收金额低于账面金额部分计提环保固定资产减值准备，如必须进行某种改造或调整之后才能继续使用的机械设备等，公司发生环保固定资产减值时计提"营业外支出——环保营业外支出"。

在建工程减值准备——环保在建工程减值准备，核算在建工程由于环境问题的存在计提的减值准备。环保工程的在建过程中可能产生环境污染或工程前期投入的工程物资（材料、设备）存在污染，需要对其进行清理或恢复原有环境质量，使得在建工程真正使用价值低于其相应价值，差额部分计提环保在建工程减值准备，借记"营业外支出——环保营业外支出"，贷记本科目。

应收票据、应收账款——分别设置"应收环保款"明细科目，主要核算企业因销售环保产品或环保材料等应向购货单位收取的票据或款项。发生应收环保款时，按应收金额，借记"应收票据——应收环保款"（采用商业汇票形式）或"应收账款——应收环保款"科目，按实现营业收入，贷记"主营业务收入——环境收益"等科目；按专用发票注明的增值税额贷记"应缴税金——应缴增值税（销项税额）"。收回应收账款时，借记"银行存款"等科目；贷记"应收票据——应收环保款"或"应收账款——应收环保款"科目。

其他应收款——应收环保款，核算企业应收各项与环境有关赔款、罚款及企业向各职能科室、车间等拨出的环境保护准备金等应收环保款。企业发生其他各项应收环保款时，借记本科目，贷记"营业外收入——环境收益""银行存款"等有关科目；当收回各种款项时，借记"银行存款"等有关科目，贷记本科目。

长期待摊费用——下设"环境保护支出待摊""资源取得费用"明细科目。"长期待摊费用——环保支出待摊"核算企业已经支出，但摊销期限 1 年以上（不含 1 年）各种环境支出，包括环保固定资产支出、租入环保固定资产改良支出及摊销期限在 1 年以上的其他待摊环境支出。发生上述长期待摊费用时，借记本科目，贷记"银行存款"等有关科目。摊销时，借记"制造费用——环保支出""营业费用——环保支出"等科目，贷记本科目。"长期待摊费用——资源取得费用"核算取得资源资产时发生费用，可在其资源资产的开采期内进行摊销。

资源资产——设置"资源资产"科目对企业拥有或控制的能带来未来经济利益的自然环境资源的取得、耗用、补偿、减值、清查、处置等进行核算。借方反映资源资产增加，包括资源资产取得、补偿等；贷方反映资源资产的非耗用减少包括减值、处置等。取得时可按取得成本与其未来经济利益现值中较低值作为初始成本谨慎入账，借记"资源资产（取得成本）""长期待摊费用——资源取得费用"等科目，贷记"银行存款"等科目；补偿时借记"资产资源（补偿成本）"科目，贷记"银行存款""应付工资"等科目。

累计折耗——核算资源资产耗用性减少。资源资产作用有两个：其一，供给物资产品，通过实物耗用转化为资源材料或资源产品来实现，按开采量计算的金额，借记"原材料——资源材料""库存商品——资源产品"等科目，贷记本科目；其二，为企业各部门提供生态服务，按耗用资源资产金额平均分配到各使用期，借记"制造费用——环保支出（资源耗减）""管理费用——环保支出（资源耗减）""营业费用——环保支出（资源耗减）"等科目，贷记本科目。

　　b. 负债类科目核算

　　核算企业中有与环境保护相关的事项形成未来环境支出，一般是以企业污染物排放对环境和人体健康造成损害为前提。负债类有关科目设置如下。

　　短期借款/长期借款——环保借款，核算企业向银行或其他金融机构等借入的用于环保和污染治理的各种借款。根据其期限长短分别核算，即借入期限在 1 年以内（含 1 年）的各种环保借款，借记"银行存款"，贷记"短期借款——环保借款"；借入期限在 1 年以上的各种环保借款，借记"银行存款"，贷记"长期借款——环保借款"，归还借款时，会计分录刚好与借入时相反。环境借款的利息支出作为企业正常财务费用，不需要单独核算。

　　其他应付款——核算企业未来需要发生的环境支出，如企业应缴纳的排污费、发生环境损害尚未支付的债务、应付租入环保固定资产的租金等。设置"应付排污费""应付环保资产租金""应付环境赔偿"等明细科目。例如，发生应缴纳排污费时，借记"管理费用——环境保护管理费用支出"科目，贷记"应付排污费"；实际支付时，借记"应付排污费"，贷记"银行存款"等科目。

　　应缴税金——应缴资源税，核算企业使用自然资源作为原材料投产应缴纳的资源税，借记"生产成本——基本生产——环保直接支出"，贷记"应缴税金——应缴资源税"。

　　预提费用——预提环境损失准备金，核算企业按照规定从成本费用中预先提取但尚未支付的环境费用。例如，预先提取未完交易的环境损失准备，借记"管理费用——环境保护支出""制造费用——环保支出——××车间"等科目，贷记本科目。

　　预计负债——环保或有负债，核算企业涉及环境污染的或有负债，如未决诉讼、不确定性债务等，借记"管理费用——环保支出""营业外支出——环保营业外支出"等科目，贷记"银行存款"科目。

　　其他应缴款——应缴矿产资源补偿费，矿产资源补偿费是国家对中华人民共和国领域和其他管辖海域开采矿产资源而征收的一项费用。本科目核算企业在缴纳矿产资源补偿费之前，定期计提的矿产资源补偿费。计提时，借记"管理费用——环保支出（矿产资源补偿费）"科目，贷记本科目；实际上缴时，借记本科目，贷记"银行存款"科目。

　　专项应付款——应付环保款，核算企业接受国家拨入的专门用于污染治理工程、环保技术研究开发等用途的环保拨款，主要指国家环保机构将企业每年缴纳的排污费中不超过 80% 的部分重新返还到企业用于环保建设的款项。企业实际收到环保专项拨款时，借记"银行存款"科目，贷记本科目。拨款项目完成并验收合格后，形成各项环境资产的部分，应按实际成本，借记"固定资产——环保固定资产"等科目，贷记有关科目；同时，环保专项应付款项将被予以豁免，转入资本公积账户，借记本科目，贷记"资本公积——环保拨款转入"科目。

应付账款、应付票据——分别设置"应付环保款"明细科目。本科目核算企业因购买环境材料、环保产品或接受外单位环保劳务供应等应付给供应单位的款项或开出、承兑的商业汇票。

长期应付款——应付融资租入环保设备款。本科目核算企业融资租入环保设备款的长期应付租赁款。融资租入环保设备，应当自租赁开始日，按租赁开始日租赁资产的原账面价值与最低租赁付款额的现值两者中较低者作为入账价值，借记"固定资产——环保固定资产（环保设备）"科目，按最低租赁付款额，借记本科目，贷记"银行存款"科目。

c. 成本类科目

成本类科目设置如下：

生产成本——基本生产——环保直接支出。本科目核算产品生产所消耗的自然资源价值，借记本科目，贷记"原材料——环境材料""银行存款"等科目。

生产成本——辅助生产——环境保护辅助生产。参照美国有关会计处理的做法，建议与产品形成保持密切关系的环境支出（主要指产品生产过程中的有害废弃物排放成本）按照产品产量或产品加工工时的比率进行分配，记入本科目核算，企业在生产经营中为减少或控制所产生污染发生的环境预防费用、治理费用、维持费用中与产品生产经营直接相关的部分，均确认为产品生产成本的一部分。

制造费用——环保支出，对于企业生产经营过程产生的与产品形成并无直接相关关系的环境支出部分，以车间为单位进行归集，记入"制造费用——环保支出——××车间"。

d. 损益类科目

损益类科目设置如下：

管理费用——环保支出，核算企业专门环境管理机构与人员经费支出及其他环境管理费用，包括企业环保固定资产折旧修理费用、企业环保技术等研究开发费用（开发成功前）、排污费环境管理体系运行费用及环境审计支出等，借记本科目，贷记"应付工资""银行存款""累计折旧——环保固定资产累计折旧""其他应付款——应付排污费"等科目。

营业外支出——环保营业外支出，核算出售环境保护无形资产发生的损失、企业超标排污或污染事故罚款、对他人污染造成的人身和经济损害赔偿、参加社会环保活动支出、环保宣传费用等各项支出。

补贴收入——环保补贴收入，核算企业利用"三废"产品减免税款的收益

（借记"营业税金及附加"科目，贷记本科目）；治理污染获得的政府补助或奖励，取得低息和无息贷款的隐含收益（借记"财务费用"，贷记本科目）；治理污染获得政府补助或奖励（借记"银行存款"，贷记本科目），另外，我国尚未形成完整的排污权交易市场，因此不进行统一核算。

营业费用——环保支出，核算企业销售环境材料、环保产品过程中发生的费用，包括环境宣传广告费等，借记"营业费用——环保支出"，贷记"现金""银行存款"科目。

主营业务收入——环境收益，核算资源开发、利用、配置、储存、替代等实现的收益。期末，本科目余额转入"本年利润——环境利润"科目，结转后本科目无余额。

其他业务收入——环境收益，核算企业回收、利用"三废"用作原材料、销售环保材料等取得收益。本科目余额转入"本年利润——环境利润"科目，结转后本科目无余额。

营业外收入——环境营业外收入，核算企业发生的与其生产经营无直接关系各项收入，包括环保固定资产盘盈、处置环保固定资产净收益、出售环保无形资产收益、环保罚款净收入等。本科目余额转入"本年利润——环境利润"科目，结转后本科目无余额。

e. 所有者权益类科目

实收资本（股本）——环境投资，核算企业接受投资者为环境保护污染治理而投入的资本，股份有限公司环保资本，记入"股本——环境投资"科目核算。

资本公积——设"接受捐赠非现金资产准备（环保投资、环保设备）"、拨款转入（环保拨款转入）等明细科目。"资本公积——接受捐赠非现金资产准备（环保物资、环保设备）"核算企业接受的非现金环境资产，如环保物资、环保设备等，接受捐赠时按确定价值，借记"固定资产——环保固定资产（环保准备）""工程物资——环保工程物资"等有关科目，贷记本科目；"资本公积——拨款转入（环保拨款转入）"科目主要核算企业收到国家拨入的专门用于环保建设的项款于环保建设项目完成后所形成的净资产增加。例如，环保工程完工并验收合格后，环保专项应付款将被予以豁免，转入本账户，增加企业净资产。

盈余公积——法定环保基金，核算企业从利润中提取的法定环保公积金等盈余公积。企业提取法定环保基金时，借记"利润分配——提取法定环保基金"，贷记本科目。

利润分配——提取法定环保基金，核算企业从当年实现的净利润中提取一定比例的法定环保基金。按照从净利润中提取法定环保基金时，借记本科目，贷记"盈余公积——法定环保基金"

本年利润——环境利润，核算企业实现的净环境利润（或发生的净亏损）。期末结转利润时，将前面损益类环境会计科目的余额均转入"本年利润"科目。

3）"卫星"核算账户设置

环境会计核算中的隐性部分，按照会计核算谨慎原则，其核算因计量上存在相当困难，因此，这部分不纳入"中心"核算体系内，另行构建"卫星"会计体系核算其价值量与实物量。

在"卫星"核算体系中可采用多种统计、估计方法，具体可根据公司的实际情况加以选择，实际工作中"卫星"核算体系中价值量的计量仍可采用"中心"核算中的估价方法，具体见附表2-3。

4）公司基于生命周期的环境成本计量方法的选择

有关基于生命周期的环境成本计量方法的选择如附表2-3所示。

附表 2-3　基于产品生命周期的环境成本计量方法选择

阶段	环境成本内容		计量方法
设计	环境事业费	研究支出	政府认定法、实际调查分析法
原材料获取	环境资源耗减成本	自然资源耗减费用	生产率下降法、机会成本法 边际成本法、维护成本型方法
	环境损害成本	人体健康损失	人力资本法、工资差额法
		运输过程中大气污染损失	生产率变动法
材料加工与产品生产阶段	环境治理费用	废水处理	作业成本法、按比例分配法
		废气处理	作业成本法、按比例分配法
		固体废弃物处理	作业成本法、按比例分配法
	环境补偿费用	废水超标排污费	按比例分配法
		废气超标排污费	按比例分配法
		固体废弃物超标排污费	作业成本法
	环保事业费用	环保培训费	人力资本法
		环境负荷检测	历史成本法
		环境管理体系支出	全额计量法
	环境发展费用	企业绿化费	全额计量法
		环境卫生费	全额计量法
	环境预防费用	固定资产改造支出	差额计量法

续表

阶段	环境成本内容		计量方法
产品销售使用阶段	环境预防费用	环保包装材料支出	差额计量法
	环境损害成本	运输过程环境污染支出	生产率变动法
	环境治理费用	消费过程中污染治理支出	机会成本法
回收再利用	环保事业费用	再生循环项目投资	全额计量法
	环境治理费用	废品处置加工支出	作业成本法、按比例分配法
废弃阶段	环境治理费	废弃物焚烧、填埋支出	作业成本法、按比例分配法

5）公司环境成本控制财务模块的 ERP 系统

公司环境成本控制财务模块的 ERP 系统界面如附图 2-6 所示。

2. 绿色制造模块

将环境成本引入 ERP 系统，在生产控制流程中体现的核心思想就是"绿色制造"（green manufacturing），这是一个综合考虑环境影响和资源效率的现代制造模式，其目标是使得产品在从设计、制造、包装、运输、使用到报废处理的整个产品生命周期中，对环境的影响（副作用）最小，资源效率最高。

绿色制造所揭示的概念表明，绿色制造覆盖了产品生命周期的每一过程，是基于数据库及其数据交换标准的产品全生命周期的集成，绿色制造的内容涉及产品整个生命周期的所有问题，主要是"五绿"问题的集成，如附图 2-7 所示。

其中，绿色设计 DFE（design dor environment）是关键，这里的"设计"是广义的，它不仅包括产品设计，也包括产品的制造过程和制造环境的设计。绿色设计在很大程度上决定了材料、工艺、包装和产品寿命终结后处理的绿色性。

绿色设计理念既要用于产品的设计，也要用于企业生产经营过程的设计，要做到 3R（reduce、reuse、recycle）。也就是说，要尽可能减少废弃物（废水、废气、废渣、报废物品等）的排放，力争零排放，即 reduce；即使有排放，也要尽可能做到再利用（如报废物品的零部件等），做到 reuse；对于不能直接再利用的部分，也要研究如何使之再资源化，即 recycle；真正不能再利用或再资源化的部分，交由相关合格的废弃物处理企业进入最后处置环节。此外，产品设计和生产过程均应尽可能节约资源（resources-conserving）和节省能源（energy-saving）。

绿色设计要遵循以下原则。

（1）产品全生命周期并行的闭环设计原则。这是因为产品的绿色程度体现在产品的整个生命周期的各个阶段。

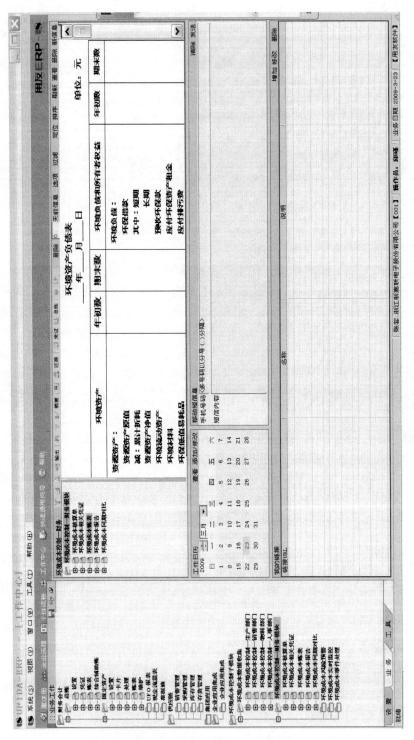

附图 2-6　公司环境成本控制财务模块的ERP系统界面

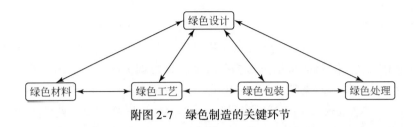

附图 2-7　绿色制造的关键环节

（2）资源最佳利用原则。一是选用资源时必须考虑其再生能力和跨时段配置问题，尽可能用可再生资源；二是尽可能保证所选用的资源在产品的整个生命周期中得到最大限度的利用；三是在保证产品功能质量的前提下，尽量简化产品结构并使产品的零部件具有最大限度的可拆卸性和可回收再利用性。

（3）能源消耗最小原则。一是尽量使用清洁能源或二次能源；二是力求产品整个生命周期循环中能耗最少。

（4）零污染原则。设计时实施"预防为主，治理为辅"的清洁生产等环保策略，充分考虑如何消除污染源，从根本上防止污染。

（5）技术先进原则。为使设计体现绿色的特定效果，就必须采用最先进的技术，并加以创造性的应用，以获得最佳的生态经济效益。

在内容及模式上，根据以上原则，要达到绿色产品的预期目标，其设计的主要内容应包括：绿色设计材料的选择、产品的可拆卸性设计、产品的可回收性设计、绿色产品成本分析、绿色产品设计数据库与知识库，它包括与产品生命周期中与环境、经济、技术、对象等有关的一切数据和知识。

3. 物料管理模块

根据物料管理流程的功能分析，绿色采购是环境成本管理在物料管理中的体现和应用。

绿色采购是企业在采购行为中考虑环境因素，通过减少材料使用成本、末端处理成本，保护资源和提高企业声誉等方式提高企业绩效。也就是说，企业内部加大采购部门与产品设计部门、生产部门和营销部门的沟通与合作，共同决定采用各种材料和零部件及供应商，同时包括与供应商的合作方式，通过减少采购难以处理或对生态系统有害的材料，提高材料的再循环和再使用，减少不必要的包装和更多使用可降解或可回收的包装等措施，控制材料和零部件的购买成本，降低末端环境治理成本，提高企业产品质量（如生产获得权威认证的绿色产品），改善企业内部环境状况，最终提高企业绩效和竞争力（主要是指财务绩效，同时包括环境绩效、企业声誉等）。

绿色采购的决策模式，就是首先必须把绿色采购作为企业战略，在一定的外部和内部环境下，企业内部各个部门协同合作，实现绿色采购的效益。

4. 销售管理模块

从系统内部看，ERP 的绿色营销系统应由三个子系统构成，包括绿色营销决策子系统、绿色营销实施子系统和绿色营销评估反馈子系统。这三个子系统各自具有特定的功能，同时通过信息传递、反馈相互影响，构成一个闭环系统。从系统外部看，绿色营销系统置身于一个更大的外部环境中，这个外部环境包括经济环境、政治环境、法律环境和社会环境等，外部环境的变化对企业的绿色营销战略的制定、实施有着巨大的影响。绿色营销系统的构成如附图 2-8 所示。

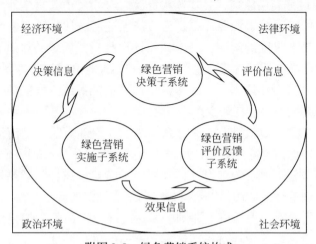

附图 2-8　绿色营销系统构成

第一，绿色营销决策子系统。绿色营销决策子系统主要负责企业绿色营销计划的制订、绿色信息的收集整理，企业领导层对绿色营销观念的认识与接受程度直接影响企业绿色营销开展的水平，因此，决策子系统在整个系统中占有举足轻重的地位。绿色营销决策子系统的功能主要有以下几个方面。

（1）树立绿色营销观念。实施绿色营销战略，首先要在企业内部员工中树立可持续发展和绿色营销的思想观念。可持续发展的核心思想是：既要满足当代人的需要，又不对后代人满足其需要的能力构成危害；要实现可持续发展就必须转变人与自然的关系，改变人们传统的、不可持续发展的生产方式、消费方式和思维方式；可持续发展的重要标志是资源的永续利用和良好的生态环境。

（2）收集整理绿色信息。企业决策层根据所收集到的信息，以绿色营销观念为指导，结合企业的长期与短期的发展目标，制订一个详尽的绿色营销计划。绿色营销计划应当说明企业在营销过程中的环保努力方向、所采用的方法及要达到的目的。

第二，绿色营销实施子系统。绿色营销实施子系统在决策子系统制订的绿色营销计划的指导下，具体落实绿色营销的组合策略，从绿色产品的设计开发、绿色价格的制定、绿色促销方式的选择直到绿色渠道的建立，它直接影响到绿色营销计划实施的效果。绿色营销实施子系统主要有以下几个功能。

（1）获取国际通行的绿色标识。国际标准化组织制订的 ISO14001 标准的目的是改变工业污染控制战略，从加强环境管理入手，建立污染预防（清洁生产）的新观念。通过企业的"自我决策、自我控制、自我管理"方式，把环境管理融于企业全面管理之中。企业通过此类标准认证的过程，也是企业全方位贯彻绿色营销和可持续发展思想的过程。

（2）推行绿色市场营销组合。绿色营销组合包括绿色产品的设计开发、绿色价格的制定、绿色营销方式的选择、绿色渠道的建立。绿色产品是指生产、使用及处理过程符合生态环境和社会环境的要求，对环境无危害或危害极小的产品，这要求从产品的设计开始，包括材料的选择，产品结构、功能、制造工程的确定，产品的使用及产品废弃物的处理等都要考虑对社会和环境的影响，这是绿色营销的基础和核心环节，它是目前企业在绿色营销环节中资金、技术投入最多的一部分，同时也是企业在市场竞争中的重要武器。

绿色产品的价格是一把"双刃剑"，一方面，绿色产品的价格高于普通产品，有利于树立企业的绿色形象，迎合消费者"优质优价"的消费心理吸引购买；另一方面，绿色价格中包含的一部分绿色成本会转嫁到消费者的身上，造成销路受阻，失去一部分顾客。因此，企业应当考虑当前、长期的成本趋势及消费者的价格敏感性和市场的绿化程度制定合理的价格。开展绿色促销活动，在广告、公关和推销等促销活动中贯彻绿色、环保和公益的理念，向消费者传递绿色信息、宣传绿色产品、支持赞助环境保护活动，与社会公众、政府组织保持良好的关系。

第三，绿色营销评估反馈子系统。对绿色营销计划的实施离不开评估子系统，评估子系统依据一定的评价指标体系，负责对绿色营销实施子系统的工作结果进行评价，并找出不足之处，形成报告反馈给决策部门以供参考。一是绿色营销绩效的评价。绿色营销绩效的评价是一件困难但又必须开展的工作。一方面，绿色营销本身是一个动态的过程，面临的市场和消费者是不断变化的，因此，它的方法和策略也是不断变化的。为了使绿色营销计划发挥最大的作用，企业必须对绿色营销的效果作出评估。另一方面，企业绿色营销所实现的目标也是多方面的，其中既有硬目标，如企业的经营业绩、财务目标的改善等，也有软目标，如企业绿色形象的树立、知名度的提高等；既包括对企业的贡献，也包括给社会和消费者带来的福利。企业应当建立一个绿色营销绩效的指标体系，构建多目标评价模型以综合考虑这些因素给企业绿色营销带来的影响。企业决策层可以根据评价的结果重新调整绿色营销计划，根据绩效评价的结果，分析企业绿色营销计划实施的现状，找出存在的问题，提供调整措施或改进方案。